FLORE

DU DÉPARTEMENT

DE LA HAUTE-LOIRE,

OU

TABLEAU DES PLANTES QUI Y CROISSENT,

DISPOSÉES SUIVANT LA MÉTHODE NATURELLE;

PAR J.-A.-M. ARNAUD, D. M. M.,

Médecin en chef des hôpitaux et des prisons du Puy, Membre de la Société d'Agriculture, Sciences, Arts et Commerce de cette ville, du Jury médical du département de la Haute-Loire, de l'Académie de Dijon, des Sociétés médicales de Bordeaux et de Lyon, des anciennes Société royale et Société de la Faculté de Médecine de Paris.

IMPRIMÉE PAR ORDRE DE LA SOCIÉTÉ D'AGRICULTURE, SCIENCES, ARTS ET COMMERCE DU PUY.

AU PUY,

DE L'IMPRIMERIE DE PASQUET PÈRE ET FILS,

IMPRIMEURS DE LA PRÉFECTURE.

1825.

AVERTISSEMENT.

CET ouvrage est extrait d'un plus grand travail entrepris il y a plus de trente ans, que j'ai terminé depuis peu, et dont la publication exigerait de plus favorables circonstances. Durant cette longue suite d'années, je ne m'y suis point livré sans réserve, la plus grande partie de mes momens étant absorbée par l'exercice de ma profession et par les études qui s'y rattachent nécessairement; mais je n'ai laissé échapper aucune occasion de recueillir et reconnaître les plantes qui se sont offertes à moi, soit dans mes promenades habituelles autour de la ville, ou dans des courses faites à dessein pour herboriser, soit en voyageant dans divers points du département où j'ai été appelé par la confiance du public. Mes ressources n'ont pas été bornées là : j'en ai trouvé d'autres dans la bienveillance de plusieurs de mes compatriotes. Il en est qui m'ont communiqué les plantes recueillies par eux dans le pays; d'autres m'ont fourni la notice de celles qu'ils y avaient trouvées; d'autres enfin, se livrant depuis peu à l'étude de la Botanique, m'ont successivement présenté le fruit de leurs herborisations, afin que je leur aidasse à nommer les végétaux sur lesquels ils avaient des doutes. Pour toutes ces utiles communications, qu'il me soit permis d'offrir ici un témoignage de ma reconnaissance à MM. De Lafont, Doyen du Chapitre de Notre-Dame du Puy, Doutre, Archiprêtre de la même église, Bertrand-Roux, Deribier, Lobeyrac, Duvillard fils, Michel, ancien Professeur de rhétorique, Reynaud, Médecin, De Bonneville, Pradier fils, Eyraud, Benoît, Félix Robert, et Arnaud, Curé de Coubon. Je suis redevable à M. le docteur Urbe de l'indication du nom en patois de plusieurs plantes.

Quant à la classification, j'avais à choisir entre le système sexuel de Linné, recommandable sous tant de rapports, et la *méthode naturelle*, suivie par le plus grand nombre des Botanistes modernes. J'ai hésité : d'une part, en distribuant mes plantes d'après le système de l'illustre naturaliste suédois, je n'en avais aucune à placer dans la neuvième classe, *Ennéandrie*, et il en résultait une grande lacune. D'un autre côté, en adoptant la méthode naturelle, mes recherches ne m'avaient procuré aucune plante de ce département qui pût figurer dans la sixième classe, *Monocotylédones dipérianthées inferovariées*. Outre cet inconvénient, la série des familles étant très-nombreuse, la plupart d'entr'elles ne devaient être composées que de peu d'individus : défectuosité inévitable dans une Flore qui n'embrasse qu'une surface circonscrite. Malgré ces désavantages, j'ai cru devoir préférer la méthode naturelle; j'ai adopté aussi, lorsqu'elles m'ont paru utiles, des coupes de genres et d'espèces proposées par des auteurs estimables. J'ai pensé qu'en agissant ainsi, mon travail serait plus en harmonie avec les progrès de la science et le langage des Botanistes de nos jours.

La classification que j'ai admise est celle présentée par MM. Loiseleur Deslongchamps et Marquis, insérée dans le *Dictionnaire des sciences médicales*, tom. 33, p. 195, et légèrement modifiée par M. Mérat, dans sa *Nouvelle Flore des environs de Paris*, 2.e édition. *Paris* 1821.

Avant de mettre sous les yeux du Lecteur le tableau de cette classification, j'en ai dressé un des genres de plantes qui se trouvent dans le département de la Haute-Loire, classés d'après le système de Linné, avec l'indication des pages où il en est traité. Ce tableau facilitera les recherches à ceux qui ont l'habitude du système sexuel.

En désignant chaque plante, je donne, 1.o le nom latin, suivi de l'indication du Botaniste qui le lui a imposé, ou qui, l'ayant adopté, l'a décrite le plus exactement; 2.o le nom français emprunté à M. DECANDOLLE, dans la *Flore française*; 3.° le nom commun ou trivial, lorsqu'il en existe; 4.° le nom en patois, si elle en a reçu un que je susse; 5.° la couleur de ses fleurs; 6.° l'époque de sa fleuraison; 7.° sa station habituelle, et les lieux particuliers où elle a été trouvée; 8.° sa durée.

J'ai été long-temps en suspens si j'indiquerais la couleur des fleurs, ainsi que la durée de la plante : je sentais qu'il y aurait une sorte d'inconvenance à agir ainsi, n'assignant aucun caractère distinctif du genre ni de l'espèce. En me déterminant à les indiquer, je n'ai pu trouver d'excuse que dans la considération qu'il en résulterait peut-être quelque utilité pour ceux de mes compatriotes qui voudraient se livrer à l'étude de la Botanique.

Quoique le département de la Haute-Loire n'ait de superficie que deux cents lieues carrées tout au plus, il offre une grande diversité de végétaux, due, sans doute, à la configuration du sol, aux différens terrains qui le couvrent, et à la différence de température de l'air au sommet de ses plus hautes montagnes et dans les parties les plus basses du pays. Ainsi, tantôt le terrain est volcanique, tantôt granitique, et tantôt argileux ou marneux. D'autre part, la hauteur du sommet du mont Mezenc au-dessus du niveau de l'Océan est de 1761 mètres, tandis que les eaux de l'Allier, vers sa sortie du département, ne sont élevées au-dessus de la même mer que de 407 mètres, et les eaux de la Loire, à la limite du département, que de 432 mètres. D'où il résulte que le sommet de cette montagne domine les deux points les plus bas : l'un, de 1354 mètres; et l'autre, de 1329 mètres. Aussi trouve-t-on plusieurs plantes alpines au mont Mezenc et au sommet de quelques autres montagnes approchant de son élévation, et aux bords de la Loire et de l'Allier avant leur sortie du pays, des végétaux croissant dans les plaines ou vallons des climats tempérés (*).

(*) Il résulte de vingt-huit mois d'observations barométriques et thermométriques (de mai 1820 à août 1822 inclusivement), que j'ai faites chaque jour, à midi, au Puy, comparées avec celles de l'Observatoire royal de Paris, faites les mêmes jours et à la même heure, que l'élévation du seuil de la porte d'entrée de l'hôtel-de-ville du Puy est de 630 mètres. En y ajoutant 1131 mètres dont le sommet du Mezenc est élevé au-dessus du même seuil, on trouve que la hauteur absolue de cette montagne est de 1761 mètres. Tous les calculs ont été faits par M. GOUILLY, Ingénieur ordinaire de ce département, qui s'est servi de la formule de M. le marquis DE LAPLACE (*Traité de mécanique céleste*, tome 4, p. 293). Les vingt-huit mois d'observations mentionnés ci-dessus avaient pour objet de déterminer avec précision la hauteur du Puy au-dessus de l'Océan : lorsque M. GOUILLY y aura joint le résultat de ses propres observations barométriques, qui embrassent un intervalle de plus de trois ans, on aura une mesure exacte de cette hauteur. Dans mon *Histoire du Velay*, publiée en 1816, l'élévation du Puy au-dessus du niveau de la mer

Le nombre des plantes qui composent la *Flore du département de la Haute-Loire* s'élève à 1208 espèces, dont 161 pour la Cryptogamie, et le reste pour la Phanérogamie, outre plus de 30 variétés. Il est quelques plantes qui ne naissent pas spontanément dans ce département; mais elles y sont assez généralement cultivées pour que j'aie cru ne devoir pas les omettre; plusieurs d'entr'elles peuvent même être considérées comme y étant presque naturalisées, se ressemant d'elles-mêmes. J'ai rigoureusement donné l'exclusion aux exotiques qui ne peuvent être cultivées avec succès en pleine terre et qu'on connaît sous le nom de plantes d'orangerie. Au reste, je suis loin de penser que cette Flore ne soit pas susceptible d'accroissement. Je ne doute pas que nombre de végétaux n'aient échappé jusqu'ici aux recherches qu'on a faites, et qu'avec le temps elle ne reçoive des additions. Pourrait-il en être autrement, tandis qu'aux environs de Paris, où depuis près de deux siècles des herborisations très-multipliées auraient dû, ce semble, faire connaître toutes les richesses végétales du sol, de nouvelles plantes ont été observées dans ces dernières années, notamment par M. LOISELEUR DESLONGCHAMPS, qui a découvert

---

n'est portée qu'à 621 mètres et demi; mais je dois remarquer que je n'avais obtenu ce résultat que d'un très-petit nombre d'observations barométriques.

au bois de Boulogne le *Sedum* qu'il a désigné sous le nom spécifique de *Boloniense?*

J'ai employé des abréviations dont je dois faire connaître la signification :

(All. Fl. ped.) *Allioni*. Flora pedemontana.

(Balb.) *Balbis*. Miscellanea botanica.

(Bauh.) *Bauhin*. Prodromus theatri botanici.

(Bull.) *Bulliard*. Herbier de la France.

(Cavan.) *Cavanilles*. Dissertationes botanicæ.

(Dec.) *Decandolle*. Flore française.

(Desfont.) *Desfontaines*. Tableau de l'École de Botanique du Muséum d'histoire naturelle.

(Desvaux.) *Desvaux*. Observations sur les plantes d'Angers.

(Gilib.) *Gilibert*. Histoire des plantes d'Europe.

(Gou.) *Gouan*. Illustrationes botanicæ.

(Hoffm. Germ.) *Hoffman*. Flora germanica.

(Hoff. Sal.) *Hoffman*. Salices.

(Huds. Angl.) *Hudson*. Flora anglica.

(Jacq. Fl. austr.) *Jacquin*. Flora austriaca.

(Jacq. Obs.) *Jacquin*. Observationes botanicæ.

(Jussieu.) *Jussieu*. Genera plantarum.

(Lam. Dict.) *Lamarck*. Encyclopédie méthodique.

(Lin.) *Linné*. Species plantarum.

(Lois.) *Loiseleur Deslongchamps*. Flora gallica.

(Mérat.) *Mérat*. Nouvelle Flore des environs de Paris. 2.e édit.

(Mœnch.) *Mœnch*. Enumeratio plantarum Hassiæ.

(Murr.) *Murray*. Systema vegetabilium. Apparatus medicaminum.

(Persoon.) *Persoon*. Synopsis plantarum.

(Ram. Pyrén. inéd.) *Ramond*. Description des plantes inédites des hautes Pyrénées.

(Retz.) *Retzius*. Prodromus Floræ Scandinaviæ.

(Roth.) *Roth*. Tentamen Floræ germanicæ.

(Scop.) *Scopoli*. Flora carniolica.

(Smith.) *Smith.* Flora britannica.
(Thuil.) *Thuillier.* Flore des environs de Paris.
(Ventenat.) *Ventenat.* Tableau du règne végétal.
(Ventenat. Monogr.) *Ventenat.* Monographie des plantes rares.
(Vill. Fl. delph.) *Villars.* Flora delphinalis.
(Willd.) *Willdenow.* Species plantarum.

Pour la durée des plantes :

(*Ann.*) Annuelle.
(*Bisan.*) Bisannuelle.
(*Viv.*) Vivace.
(*Lign.*) Plante ligneuse, arbre ou arbrisseau.

TABLEAU

Des genres de plantes qui se trouvent dans le département de la Haute-Loire, classés d'après le système de LINNÉ, *avec le renvoi aux pages où il en est traité.*

Arnica, 63.
Inula, 63.
Erigeron, 64.
Solidago, 64.
Senecio, 64.
Cineraria, 64.
Tussilago, 65.
Petasites, 61.
Anthemis, 65.
Achillea, 65.

Polygamie frustranée.

Centaurea, 59.
Helianthus, 66.

Polygamie nécessaire.

Calendula, 63.

GYNANDRIE.

Diandrie.

Orchis, 23.
Satyrium, 24.
Ophrys, 24.
Serapias, 24.

Hexandrie.

Aristolochia, 25.

Polyandrie.

Arum, 24.

MONOÉCIE.

Diandrie.

Lemna, 18.

Triandrie.

Zea, 15.
Carex, 17.
Sparganium, 18.
Thypha, 18.

Tétrandrie.

Urtica, 27.
Morus, 27.
Buxus, 31.
Betula, 105.
Alnus, 105.

Pentandrie.

Amaranthus, 30.

Polyandrie.

Myriophyllum, 85.
Ceratophyllum, 30.
Poterium, 26.
Quercus, 103.
Fagus, 104.
Castanea, 104.
Juglans, 104.
Corylus, 104.
Carpinus, 104.

Monadelphie.

Pinus, 105.
Abies, 105.
Cucumis, 51.
Cucurbita, 51.
Bryonia, 52.

DIOÉCIE.

Diandrie.

Salix, 104.

Tétrandrie.

Viscum, 71.

Pentandrie.

Cannabis, 27.
Humulus, 27.
Spinacia, 29.

Octandrie.

Populus, 105.

Ennéandrie.

Mercurialis, 31.

Monadelphie.

Juniperus, 105.

Ruscus, 20.
Taxus, 105.

POLYGAMIE.

Monoécie.

Andropogon, 14.
Veratrum, 20.
Valantia, 53.
Parietaria, 27.
Atriplex, 28.
Acer, 78.

Dioécie.

Fraxinus, 32.
Ficus, 27.

CRYPTOGAMIE.

Fougères.

Equisetum, 12.
Ophioglossum, 10.
Botrychium, 10.
Asplenium, 11.
Athyrium, 11.
Polystichum, 11.
Aspidium, 10.
Polypodium, 10.
Ceterach, 10.
Scolopendrium, 11.
Pteris, 11.

Mousses.

Lycopodium, 10.
Fontinalis, 10.
Hypnum, 9.
Bryum, 8.
Orthotricum, 8.
Polytrichum, 8.
Leskea, 9.
Barthramia, 9.
Tortula, 8.
Dicranum, 8.
Trichostomum, 8.
Grimmia, 8.
Weissia, 8.
Encalypta, 7.
Gymnostomum, 7.

Algues.

Marchantia, 7.
Jungermania, 7.
Peltigera, 7.
Sticta, 7.
Physcia, 7.
Imbricaria, 6.
Collema, 6.
Placodium, 6.
Urceolaria, 6.
Rhizocarpon, 6.
Patellaria, 6.
Scyphophorus, 6.
Cladonia, 5.
Cornicularia, 5.
Usnea, 5.
Variolaria, 5.
Lepra, 5.
Pertusaria, 5.
Verrucaria, 5.
Nostoch, 1.
Lemanea, 1.
Chantransia, 1.
Hydrodyction, 1.
Vaucheria, 2.

Champignons.

Byssus, 2.
Monilia, 2.
AEgerita, 2.
Erineum, 2.

Tremella, 2.
Clavaria, 2.
Boletus, 2.
Merulius, 3.
Agaricus, 3.
Morchella, 4.
Phallus, 4.
Gymuosporangium, 4.
Puccinia, 4.
Uredo, 4.
Æcidium, 4.
Mucor, 4.
Lycoperdon, 4.
Tubercularia, 5.
Sclerotium, 5.

TABLEAU SYNOPTIQUE DE CLASSIFICATION.

1.re DIVISION : (*Cryptogamie.*)

			Classes.
ACOTYLÉDONES....	Aphylles		I.
	Foliées		II.

2.e DIVISION : (*Phanérogamie.*)

MONOCOTYLÉDONES.	Squamiflores.			III.
	Monopérianthées.	Superovariées.		IV.
		Inferovariées.		V.
	Dipérianthées...	Inferovariées		VI.
		Superovariées.		VII.
DICOTYLÉDONES...	Monopérianthées.	Inferovariées.		VIII.
		Superovariées.		IX.
	Dipérianthées...	Monopétalées.	Superovariées.	X.
			Inferovariées.	XI.
		Polypétalées..	Inferovariées..	XII.
			Superovariées.	XIII.
	Squamiflores.			XIV.

FLORE

DU DÉPARTEMENT

DE LA HAUTE-LOIRE,

OU

TABLEAU DES PLANTES QUI Y CROISSENT,

DISPOSÉES SUIVANT LA MÉTHODE NATURELLE.

PREMIÈRE DIVISION DES VÉGÉTAUX.

PLANTES ACOTYLÉDONES. (*Cryptogamie de* LINNÉ.)

CLASSE PREMIÈRE.

ACOTYLÉDONES NON FOLIÉES.

FAMILLE PREMIÈRE.

LES ALGUES.

1. NOSTOCH COMMUNE, *Nostoch commun*. Dec. *Tremella nostoc*. Lin. Se trouve sur la terre, après les pluies.

2. N. SPHÆRICUM, *Nostoch sphérique*. Dec. *Ulva granulata*. Lin. Dans les marais, fontaines, ruisseaux, entre Chaponnades et Les Rioux.

3. N. VERRUCOSUM, *Nostoch à verrues*. Dec. *Tremella verrucosa*. Lin. Croît attaché aux pierres dans l'eau.

1. LEMANEA CORALLINA. Bory-Saint-Vincent, *Annales du Muséum*. *Chantransie fluviatile*. Dec. *Conferva fluviatilis*. Lin. Eaux pures et courantes, biez des moulins sur la Borne.

1. CHANTRANSIA RIVULARIS. *Chantransie des ruisseaux*. Dec. *Conferva rivularis*. Lin. Flotte dans les ruisseaux et s'entortille autour des corps qu'elle rencontre.

1. HYDRODYCTION PENTAGONUM. *Hydrodyctie pentagone*. Dec. *Conferva reticulata*. Lin. Dans les eaux tranquilles, les fossés, entre Chaponnades et Les Rioux, dans la Loire.

1. Vaucheria terrestris, *Vaucherie terrestre*. Dec. *Byssus velutina*. Lin. Sur la terre, les murs, les écorces d'arbres.

2. V. infusionum, *Vaucherie infusoire*. Dec. *Byssus flos aquæ*. Lin. A la surface des eaux dormantes.

FAMILLE DEUXIÈME.

LES CHAMPIGNONS. (*Fungi.*)

1. Byssus cryptarum, *Bysse des caves*. Dec. Lin. Sur les tonneaux humides.

1. Monilia glauca, *Monilie glauque*. Dec. *Mucor glaucus*. Lin. Fruits altérés.

1. Aegerita aurantia, *Égérite orangée*. Dec. Sur l'écorce du bois mort, les tonneaux, les bouchons de liège.

1. Erineum vitis, *Érinéum de la vigne*. Dec. Sur la surface inférieure de ses feuilles.

2. E. acerinum, *Érinéum des érables*. Dec. Surface inférieure des feuilles de l'érable champêtre et du sycomore.

3. E. juglandis, *Érinéum du noyer*. Dec. Surface inférieure des feuilles du noyer.

4. E. populinum, *Érinéum du tremble*. Dec. Surface inférieure de ses feuilles.

1. Tremella mesenteriformis, *Tremelle mésentère*. Dec. Sur les bois morts.

1. Clavaria rugosa, *Clavaire ridée*. Dec. Dans les bois, à Senilhac, à Varenne près Laussonne.

2. C. coralloides, *Clavaire corail*. Dec. Sur la terre, à Ceyssac, à Varenne près Laussonne.

1. Boletus versicolor, *Bolet bigarré*. Dec. Lin. Sur les arbres morts, les bois de charpente, à Solignac.

2. B. ungulatus, *Bolet ongulé*. Dec. Sur divers arbres, à Bauzit.

3. B. obtusus, *Bolet obtus*. Dec. Sur divers arbres, à Bauzit.

4. B. fraxineus, *Bolet de frêne*. Dec. Sur les vieux frênes, à Bauzit.

5. B. juglandis, *Bolet de noyer*. Dec. Sur les noyers, même lieu.

6. B. rubeolarius, *Bolet à tubes rouges*. Dec. Dans les bois, à Ceyssac, Bauzit.

7. B. ÆREUS, *Bolet bronzé*. Dec. *Ceps noir*. Les bois, celui de Varenne près Laussonne.

8. B. ANNULARIUS, *Bolet à collier*. Dec. Dans les bois, à Bauzit, à Alleyras.

1. MERULIUS CANTHARELLUS, *Mérule chanterelle*. Dec. *Agaricus cantharellus*. Lin. Les bois et prés montueux, à Jandriac, à Bauzit.

1. AGARICUS QUERCINUS, *Agaric de chêne*. Dec. Lin. Sur les vieux troncs, les vieilles poutres.

2. A. ALNEUS, *Agaric d'aulne*. Dec. Lin. Sur l'aulne et autres arbres.

3. A. DELICIOSUS, *Agaric délicieux*. Dec. Lin. Bois couverts et montagneux.

4. A. CINEREUS, *Agaric cendré*. Dec. Bois, lieux humides, sous le pont d'Estrouilhas, à Bauzit.

5. A. DIGITALIFORMIS, *Agaric en forme de dé*. Dec. Au pied des vieux troncs, dans les vieux saules creux, à Bauzit.

6. A. COPROPHILUS, *Agaric ami du fumier*. Dec. Sur les fumiers.

7. A. CAMPANULATUS, *Agaric en cloche*. Dec. Les bois, à Bauzit.

8. A. AMARUS, *Agaric amer*. Dec. Les bois, les prés, entre Solignac et la Loire.

9. A. EDULIS, *Agaric comestible*. Var. B. Dec. *Agaricus campestris*. Lin. Les pâturages, les bois, à Bauzit, Ste.-Sigolène.

10. A. VINOSUS, *Agaric vineux*. Dec. Les bois sablonneux.

11. A. ALBELLUS, *Agaric mousseron*. Dec. Les friches, les bois, à Bauzit, Sainte-Sigolène.

12. A. LIGNATILIS, *Agaric du bois mort*. Dec. Sur les bois morts, les vieux troncs, à Bauzit.

13. A. CARNEUS, *Agaric couleur de chair*. Dec. Sur les gazons, aux bois de Bauzit.

14. A. PHAIOPODIUS, *Agaric à pied brun*. Dec. Dans les bois, à Bauzit.

15. A. ANDROSACEUS. Lin. *Agaric en roue*, *Agaricus rotula*. Dec. Dans les bois, sur les feuilles mortes, à Bauzit.

16. A. SIDEROIDES. *Bull. Herb.* Les prés, les chemins, entre Solignac et la Loire.

17. A. MUSCARIUS, *Agaric moucheté*. Dec. *Agaricus pseudo-aurantiacus*. *Bull. Herb. fausse oronge*. Dans les bois, celui de Varenne près Laussonne.

18. A. AURANTIACUS, *Agaric oronge*. Dec. Lin. *Oronge vraie*. Les bois de pins, à Bauzit, Boissier, aux bois de Seneujols et d'Alleyras.

1. MORCHELLA ESCULENTA, *Morille comestible*. Dec. *Phallus esculentus*. Lin. (Mouri-lio.) Dans les bois, à Douc, à Lapte, à Grazac.

1. PHALLUS IMPUDICUS, *Satyre fétide*. Dec. Lin. Les bois, au Fieu.

FAMILLE TROISIÈME.

LES LYCOPERDONÉES. (*Mérat.*)

1. GYMNOSPORANGIUM CONICUM, *Gymnosporange conique*. Dec. *Tremella juniperina*. Lin. Sur le genevrier, à Bauzit.

1. PUCCINIA RUBI, *Puccinie de la ronce*. Dec. Sur la surface inférieure des feuilles de la ronce arbrisseau, à Bauzit.

2. P. AVICULARIÆ, *Puccinie de la trainasse*. Dec. Sur la tige et les feuilles de la renouée.

1. UREDO FABÆ, *Urédo de la fève*. Dec. Sur le *Vicia faba*. Lin.

2. U. CARBO, *Urédo charbon*. Dec. (Bla niouva.) Sur les glumes et ovaires de l'orge, du froment, de l'avoine.

3. U. CARIES, *Urédo carie*. Dec. *Carie du froment*. Dans l'intérieur des grains de cette graminée.

4. U. ROSÆ, *Urédo des rosiers*. Dec. Sous les feuilles du rosier à cent feuilles.

5. U. RUBIGO-VERA, *Urédo rouille des céréales*. Dec. *Rouille*. Sous les feuilles des graminées, surtout le froment.

1. ÆCIDIUM EPILOBII, *Écidium de l'épilobe*. Dec. Sous les feuilles de l'*Epilobium tetragonum*.

2. Æ. THESII, *Écidium du thésion*. Dec. Sous les feuilles du *Thesium linophyllum*.

3. Æ. EUPHORBIARUM, *Écidium des euphorbes*. Dec. Sous les feuilles des *Euphorbia sylvatica, verrucosa et cyparissias*.

4. Æ. CANCELLATUM, *Écidium en grillage*. Dec. Surface inférieure des feuilles de poiriers.

1. MUCOR MUCEDO, *Moisissure vulgaire*. Dec. Commune sur toutes les substances fermentescibles.

1. LYCOPERDON PROTEUS, *Vesseloup protée*. Dec. Commune dans les pâturages montueux.

2. L. VERRUCOSUM, *Vesseloup à verrues*. Dec. Sur la terre. Au bois d'Alleyras.

FAMILLE QUATRIÈME.

LES TUBERCULAIRES. (*Mérat.*)

1. TUBERCULARIA VULGARIS, *Tuberculaire commune.* Dec. *Tremella purpurea.* Lin. Sur les branches mortes ou mourantes du groseiller, du rosier, etc.

1. SCLEROTIUM CLAVUS, *Sclérote ergot.* Dec. *Ergot*, Teissier. *Mal. des grains.* (Bla vama.) Se trouve sur le seigle, quelquefois sur l'orge. Rare dans ce département.

FAMILLE CINQUIÈME.

LES HYPOXILONS. (*Hypoxila*, Decandolle.)

1. VERRUCARIA SANGUINARIA, *Verrucaire sanguinolente.* Dec. *Lichen sanguinarius.* Lin. Sur l'écorce des arbres, les rochers, sur celui de Saint-Michel, au Fieu.

1. PERTUSARIA COMMUNIS, *Pertusaire commune.* Dec. *Lichen pertusus.* Lin. Mêmes lieux.

FAMILLE SIXIÈME.

LES LICHÉNÉES. (*Lichenes*, Hoffm.)

1. LEPRA BOTRYOIDES, *Lèpre verte.* Dec. *Byssus botryoides.* Lin. Sur les murs, la terre et les bois humides.

1. VARIOLARIA FAGINEA, *Variolaire du hêtre.* Dec. *Lichen fagineus.* Lin. Sur l'écorce des hêtres, des aunes.

1. CORNICULARIA JUBATA, *Corniculaire crinière.* Dec. *Lichen jubatus.* Lin. Pend aux branches d'arbres de pin et de sapin, au bois de Seneujols.

1. USNEA PLICATA, *Usnée entrelacée.* Dec. *Lichen plicatus.* Lin. Sur les vieux arbres, et surtout les sapins.

2. U. BARBATA, *Usnée barbue.* Dec. *Lichen barbatus.* Lin. Sur les branches d'arbres dans les bois.

1. CLADONIA RANGIFERINA, *Cladonie des rennes.* Dec. *Lichen rangiferinus.* Lin. Dans les bois montueux, parmi les mousses, aux bois de Taulhac, Durianne, Peyredeyre, la Baume, Jalor, aux Martres près Langeac.

2. C. CERANOIDES, *Cladonie cornue.* Dec. *Lichen uncialis.* Lin.

Sur la terre, dans les bois, les montagnes, à Roche-Arnaud, Ceyssac, au bois des Pandraux.

1. SCYPHOPHORUS CORNUTUS, *Scyphophore cornu*, B. Dec. *Lichen gracilis*. Lin. Dans les bois, à Ceyssac.

2. S. PYXIDATUS, *Scyphophore entonnoir*. Dec. *Lichen pyxidatus*. Lin. Sur la terre humide, les rochers, dans les bois, aux rochers de Corneille et de Saint-Michel, au Fieu, à Bauzit, à Mounets. On trouve aussi la variété *Lichen fimbriatus*. Lin. à Bauzit, à Durianne.

3. S. COCCIFERUS, *Scyphophore cochenille*. Dec. *Lichen cocciferus*. Lin. Sur la terre, les pelouses, dans les bois, à Ceyssac.

1. PATELLARIA VENTOSA, *Patellaire venteuse*. Dec. *Lichen ventosus*. Lin. Sur les rochers, les murs.

2. P. SPHÆROIDÆA, *Patellaire sphéroïdale*. Dec. *Lichen vernalis*. Lin. Sur la terre, les rochers, les mousses, au rocher Saint-Michel.

3. P. SUBFUSCA, *Patellaire brunâtre*. Dec. *Lichen subfuscus*. Lin. Sur les troncs d'arbres, les hêtres, les pommiers, à Bauzit.

4. P. TARTAREA, *Patellaire tartre*. Dec. *Lichen tartareus*. Lin. Sur les rochers, les murs.

5. P. PARELLA, *Patellaire parelle*. Dec. *Lichen parellus*. Lin. *Parelle*, *Orseille d'Auvergne*. Commune sur les rochers, les pierres, les vieux murs, à Bauzit, Sainte-Sigolène.

1. RHIZOCARPON GEOGRAPHICUM, *Rhizocarpe géographique*. Dec. *Lichen geographicus*. Lin. Sur les rochers, au Fieu.

1. URCEOLARIA TESSULATA, *Urcéolaire fendillée*, D. Dec. *Lichen cinereus*. Lin. Les rochers, ceux de Saint-Michel et d'Espaly.

1. PLACODIUM CANDELARIUM, *Placode jaune*. Dec. *Lichen candelarius*. Lin. Les murs, les rochers, les troncs d'arbres.

1. COLLEMA JACOBÆÆFOLIUM, *Collèma à feuilles de jacobée*. Dec. Sur la terre et les rochers humides, à Ceyssac.

1. IMBRICARIA RETIRUGA, *Embricaire brodée* Dec. *Lichen saxatilis*. Lin. Sur les rochers, au Fieu.

2. I. PARIETINA, *Embricaire des parois*. Dec. *Lichen parietinus*. Lin. Les troncs d'arbres, les murs et les rochers.

3. I. OLIVACEA, *Embricaire olivâtre*. Dec. *Lichen olivaceus*. Lin. Les rochers, les troncs d'arbres, les pierres, au Fieu.

4. I. CAPERATA, *Embricaire froncée*. Dec. *Lichen caperatus* Lin. Sur les arbres, les rochers, aux Brus, à Bauzit.

5. I. PHYSODES, *Embricaire renflée*. Dec. *Lichen physodes*. Lin. Commun sur les arbres, les murs.

1. PHYSCIA FURFURACEA, *Physcie grenue*. Dec. *Lichen furfuraceus*. Lin. Sur les troncs d'arbres.

2. P. PRUNASTRI, *Physcie du prunellier*. Dec. *Lichen prunastri*. Lin. Les troncs d'abres, les prunelliers, les vieux pieux.

3. P. FARINACEA, *Physcie farineuse*. Dec. *Lichen farinaceus*. Lin. Sur les vieux troncs d'arbres.

4. P. FRAXINEA, *Physcie des frênes*. Dec. *Lichen fraxineus*. Lin. Les troncs d'arbres.

5. P. ISLANDICA, *Physcie d'Islande*. Dec. *Lichen islandicus* Lin. Sur la terre, dans les mousses, sur les montagnes, aux Estreix, au bois de Talobre, au Mezenc.

1. STICTA SYLVATICA, *Sticta des bois*. Dec. *Lichen sylvaticus*. Lin. Dans les forêts parmi les mousses, au bois de Bar près d'Allègre.

1. PELTIGERA CANINA, *Peltigère canine*. Dec. *Lichen caninus*. Lin. Sur la terre, dans les bois, à Bauzit.

2. P. RESUPINATA, *Peltigère renversée*. Dec. *Lichen resupinatus*. Lin. Sur la terre, les mousses, dans les bois, à Bauzit.

CLASSE DEUXIÈME.

ACOTYLÉDONES FOLIÉES.

FAMILLE SEPTIÈME.

LES HÉPATIQUES. (*Adanson.*)

1. MARCHANTIA POLYMORPHA, *Marchantie protée*. Dec. Lin. *Hépatique des fontaines*. Sur les pierres, sur la terre humide, au bord des ruisseaux, des puits, des sources, à Laval, la cascade de Laroche, Solignac, Veneyres, Ceyssac. *Viv.*

1. JUNGERMANIA ASPLENIOIDES, *Jongermanne doradille*. Dec. Lin. Lieux humides et ombragés, la cascade de Laroche.

FAMILLE HUITIÈME.

LES MOUSSES. (*Musci*, Jussieu et Linné.)

1. GYMNOSTOMUM TRUNCATULUM, *Gymnostome tronqué*. Dec. *Bryum truncatulum*. Lin. Les jardins, les haies, les champs, au Fieu.

1. ENCALYPTA VULGARIS, *Étcignoir vulgaire*. Dec. *Bryum*

extinctorium. Lin. Commun sur les murs, les rochers, les toits, au Puy, au rocher Saint-Michel, à Bauzit, au Pertuis. *Viv.*

1. WEISSIA VERTICILLATA, *Weissie verticillée*. Dec. *Bryum verticillatum*. Lin. Les montagnes, à Bauzit.

1. GRIMMIA APOCARPA, *Grimmie sessile*. Dec. *Bryum apocarpum*. Lin. Les rochers, les troncs d'arbres humides, au-dessus du faubourg Saint-Jacques, à Bauzit.

1. TRICHOSTOMUM LANUGINOSUM, *Trichostome laineux*. Dec. *Bryum hypnoides*. Lin. Lieux secs et pierreux, à la Chartreuse de Brives, à Bauzit. *Viv.*

1. DICRANUM FLEXUOSUM, *Dicrane flexueux*. Dec. *Bryum flexuosum*. Lin. Sur la terre, les rochers, les troncs d'arbres, au rocher Saint-Michel. *Viv.*

2. D. PULVINATUM, *Dicrane coussinet*. Dec. *Bryum pulvinatum*. Lin. Les murs, les toits, les pierres, au rocher Saint-Michel, à Bauzit, au Pertuis. *Viv.*

3. D. SCIUROIDES, *Dicrane queue d'écureuil*. Dec. *Hypnum sciuroides*. Lin. Les vieux troncs d'arbres, au bois du Séminaire du Puy, à la Chartreuse de Brives. *Viv.*

4. D. VIRIDULUM, *Dicrane verdoyant*. Dec. *Bryum viridulum*. Lin. Les bois, à Bauzit. *Viv.*

5. D. TAXIFOLIUM, *Dicrane à feuille d'if*. Dec. *Hypnum taxifolium*. Lin. Commun dans les lieux humides et ombragés, à Bauzit. *Viv.*

1. TORTULA SUBULATA, *Tortule en alène*. Dec. *Bryum subulatum*. Lin. Les fentes des rochers, les bois, les fossés, au rocher Saint-Michel, à Bauzit. *Viv.*

2. T. MURALIS, *Tortule des murs*. Dec. *Bryum murale*. Lin. Sur les murs, les rochers, les toits, au Puy, au Pertuis. *Viv.*

3. T. RURALIS, *Tortule des champs*. Dec. *Bryum rurale*. Lin. (*Mou-sso*). Les toits, les murs, les rochers, les champs arides, au Puy, au Fieu, à Bauzit. *Viv.*

1. POLYTRICHUM ALPINUM, *Polytric des Alpes*. Dec. Lin. Sur les hautes montagnes, au sommet du Mezenc. *Viv.*

1. ORTHOTRICHUM STRIATUM, *Orthotric strié*. Dec. *Bryum striatum*. Lin. Sur les troncs d'arbres, les rochers, les murs, au rocher Saint-Michel, entre le Puy et Espaly. *Viv.*

1. BRYUM CARNEUM, *Bry couleur de chair*. Dec. Lin. Lieux humides et ombragés, à Bauzit. *Viv.*

2. B. ARGENTEUM, *Bry argenté*. Dec. Lin. Commun sur les rochers, les toits, les murs, au rocher Saint-Michel. *Viv.*

3. B. ANDROGYNUM, *Bry androgin.* Dec. *Mnium androgynum.* Lin. Dans les bois, au-dessous de celui du Séminaire du Puy. *Viv.*

4. B. CÆSPITITIUM, *Bry en gazon.* Dec. Lin. Sur les murs, dans les bois, à Bauzit, Solignac, au bois de la Baume. *Viv.*

1. BARTHRAMIA VULGARIS, *Barthramie vulgaire.* Dec. *Bryum pomiforme.* Lin. Sur la terre, les rochers humides, au-dessous du bois du Séminaire du Puy. *Viv.*

1. LESKEA LUCENS, *Leskée luisante.* Dec. *Hypnum lucens.* Lin. Les bois humides, à Bauzit. *Viv.*

2. L. COMPLANATA, *Leskée aplatie.* Dec. *Hypnum complanatum.* Lin. Sur les troncs d'arbres, les murs, les rochers, à Bauzit. *Viv.*

3. L. SERICEA, *Leskée soyeuse.* Dec. *Hypnum sericeum.* Lin. Sur les troncs d'arbres, les rochers, les pierres, à la Chartreuse de Brives, à Bauzit, au bois de Laroche. *Viv.*

1. HYPNUM TAMARISCINUM, *Hypne tamarix.* Dec. *Hypnum parietinum.* Lin. Les bois, les rochers, les murs, aux rochers de Saint-Michel et d'Espaly, à la Chartreuse de Brives. *Viv.*

2. H. COMPRESSUM, *Hypne comprimé.* Dec. Lin. Dans les bois humides des montagnes, à Bauzit. *Viv.*

3. H. FILICINUM, *Hypne fougère.* Dec. Lin. Les prés, les bois humides, les fossés, à Bauzit. *Viv.*

4. H. CRISTA CASTRENSIS, *Hypne plumet.* Dec. Lin. Dans les bois, au Fieu. *Viv.*

5. H. CUPRESSIFORME, *Hypne cyprès.* Dec. Lin. Dans les prés, sur les rochers, les arbres, les murs, au rocher d'Espaly, à Bauzit. *Viv.*

6. H. ADUNCUM, *Hypne à bec.* Dec. Lin. Dans les bois, dans celui du Séminaire du Puy. *Viv.*

7. H. RUTABULUM, *Hypne fourgon.* Dec. Lin. Dans les haies, les bois, les troncs d'arbres, au rocher d'Espaly, à Bauzit. *Viv.*

8. H. MYOSUROIDES, *Hypne queue de rat.* Dec. Lin. Sur les troncs d'arbres, les pierres, à Bauzit. *Viv.*

9. H. ALOPECURUM, *Hypne queue de renard.* Dec. Lin. Sur la terre, les rochers, les lieux humides, au rocher de Corneille, à celui de la Chartreuse de Brives. *Viv.*

10. H. SERPENS, *Hypne traînant.* Dec. Lin. Sur la terre, les troncs d'arbres, dans les lieux ombragés, à Bauzit, au bois de Laroche. *Viv.*

11. H. VELUTINUM, *Hypne velouté.* Dec. Lin. Dans les bois, les prés, sur les pierres, au bois du Séminaire du Puy, au rocher d'Espaly, à Bauzit. *Viv.*

12. H. UNDULATUM, *Hypne ondulé*. Dec. Lin. Au pied des arbres et dans les bois, à Bauzit. *Viv.*

1. FONTINALIS ANTIPYRETICA, *Fontinale incombustible*. Dec. Lin. Dans les ruisseaux, les fontaines, à la Planche près de Grazac (Fontaine de la Madeleine). *Viv.*

FAMILLE NEUVIÈME.

LES LYCOPODIACÉES. (*Richard.*)

1. LYCOPODIUM CLAVATUM, *Lycopode à massue*. Dec. Lin. Dans les hautes montagnes, au Mezenc. *Viv.*

2. L. SELAGO, *Lycopode sélagine*. Dec. Lin. Juin, juillet. Sur les hautes montagnes, au sommet nord-est du Mezenc. *Viv.*

FAMILLE DIXIÈME.

LES FOUGÈRES. (*Filices*, Smith.)

1. OPHIOGLOSSUM VULGATUM, *Ophioglosse vulgaire*. Dec. Lin. *Langue de serpent*. Juin, juillet. Les pâturages des bois, les prés humides, à Bauzit. *Viv.*

1. BOTRYCHIUM LUNARIA, *Botryche en croissant*. Dec. *Osmunda lunaria*. Lin. Juin. Dans les prés et pâturages des montagnes, à Bauzit, au mont Merey près de Chacornac, aux Uffernets, au pied de l'Ambre et du Mezenc. *Viv.*

1. CETERACH OFFICINARUM, *Cétérach des boutiques*. Dec. *Asplenium ceterach*. Lin. (Her-bo doura-do.) De mai à septembre. Sur les rochers, les vieux murs, au bois du Séminaire du Puy, à Espaly, Ours, Bauzit, Doue, Farges, au bois de la Baume. *Viv.*

1. POLYPODIUM VULGARE, *Polypode commun*. Dec. Lin. *Polypode de chêne*. L'été. Dans les fentes des rochers, les vieux murs, les bois, celui du Séminaire du Puy, au rocher de Saint-Michel, à la Chartreuse de Brives, à Bauzit, Solignac, Mounets, Sainte-Sigolène. *Viv.*

2. P. PHEGOPTERIS, *Polypode phégoptère*. Dec. Lin. Juin, juillet. Les bois, les lieux humides, entre Laval et Bauzit. *Viv.*

3. P. DRYOPTERIS, *Polypode dryoptère*. Dec. Lin. Juillet, août. Les bois, les fentes des rochers, à Driaudes, Vachères, Bonneville. *Viv.*

1. ASPIDIUM FILIX-MAS, Smith, Flor. brit. *Polystic fougère-mâle*, *Polystichum filix-mas*. Dec. *Polypodium filix-mas*. Lin. *Fougère mâle*. Juin, juillet. Les lieux ombragés, les bois, à la Chartreuse de Brives, à Doue, Laval, Bauzit, Solignac, Sainte-Sigolène. *Viv.*

2. A. REGIUM, *Aspidium royal.* Dec. *Polypodium regium.* Lin. Juin, juillet. Dans les fentes des rochers, entre Laval et Bauzit, au bois de Barret près de Sanssac, au Mezenc. *Viv.*

1. POLYSTICHUM RIGIDUM, *Polystic roide.* Dec. L'été, Dans les montagnes, entre Laval et Bauzit. *Viv.*

1. ATHYRIUM FONTANUM, *Athyrium des fontaines.* Dec. *Polypodium fontanum.* Lin. Juin, juillet. Sur les rochers humides, dans un bois près de Solignac. *Viv.*

2. A. FILIX-FEMINA, *Athyrium fougère-femelle.* Dec. *Polypodium filix-femina.* Lin. *Fougère femelle.* De juin à septembre. Dans les bois montagneux et humides, à la cascade de Laroche, à Barrèt, Solignac. *Viv.*

1. ASPLENIUM SEPTENTRIONALE, *Doradille septentrionale.* Dec. *Acrostichum septentrionale.* Lin. Juin, juillet. Les vieux murs, les rochers, à Roche-Arnaud, Espaly, la Chartreuse de Brives, Peyredeyre, Chanteuges. *Viv.*

2. A. TRICHOMANES, *Doradille politric.* Dec. Lin. *Polytric.* Dans les lieux pierreux, ombragés, les murs humides, au bois du Séminaire du Puy, au rocher Saint-Michel, à Ours, au Fieu, au Villard, à Montbonnet, Chamalières, Ste.-Sigolène. *Viv.*

3. A. RUTA-MURARIA, *Doradille des murs.* Dec. Lin. *Rue de muraille, Sauve-vie.* De juin à septembre. Les fentes des rochers, les vieux murs, au bois du Séminaire du Puy, à Ours, au bois de la Baume. *Viv.*

4. A. ADIANTHUM-NIGRUM, *Doradille noire.* Dec. Lin. *Capillaire noir.* De juin à septembre. Les lieux ombragés, les bois humides, à Ceyssac. *Viv.*

5. A. ALTERNIFOLIUM, Jacq. *Doradille d'Allemagne*, *Asplenium germanicum.* Dec. De juin à septembre. Les bois, les rochers. aux bois de Ceyssac. *Viv.*

6. A. LANCEOLATUM, *Doradille lancéolée.* Dec. De juin à septembre. Dans les bois, les rochers humides, aux bois de Coubon et de Veneyres. *Viv.*

1. SCOLOPENDRIUM OFFICINALE, *Scolopendre officinale.* Dec. *Asplenium scolopendrium.* Lin. *Scolopendre.* De juillet à septembre. Les puits, les vieux murs, les rochers humides, à Valprivas dans le puits du château. *Viv.*

1. PTERIS AQUILINA, *Ptéris aigle-impérial.* Dec. Lin. *Fougère ordinaire.* Juillet, août. Les bois et les pâturages des montagnes, à Saint-Hostien, Bonneville, entre Yssingeaux et Tence, au Pertuis, à Sainte-Sigolène. *Viv.*

2. P. CRISPA, *Ptéris crépue.* Dec. *Osmunda crispa.* Lin. Juin, juillet. Les montagnes élevées et pierreuses, au Mezenc, à la montagne de Jalor. *Viv.*

FAMILLE ONZIÈME.

LES ÉQUISÉTACÉES. (*Loiseleur* et *Marquis.*)

1. EQUISETUM HIEMALE, *Prêle d'hiver.* Dec. Lin. Février, mars. Dans les lieux humides, à la Bernarde. *Viv.*

2. E. ARVENSE, *Prêle des champs.* Dec. Lin. *Queue de cheval.* (Pounsaou-do.) Avril, mai. Les prés, les champs humides, les bois, près des rivières de Borne et de Dolaison au Puy, aux bois de Bauzit, la Bernarde, Farges, Solignac. *Viv.*

3. E. PALUSTRE, *Prêle des marais.* Dec. Lin. Mai, juin. Les prés aquatiques, les marais, à la Bernarde, Bauzit, Mussic, à Marnhiac. *Viv.*

SECONDE DIVISION DES VÉGÉTAUX.

(*Phanérogamie.*)

I. LES MONOCOTYLÉDONES.

CLASSE TROISIÈME.

MONOCOTYLÉDONES SQUAMIFLORES.

FAMILLE DOUZIÈME.

LES GRAMINÉES. (*Jussieu.*)

1. ALOPECURUS PRATENSIS, *Vulpin des prés.* Dec. Lin. Juin. Les prés, au Puy, à Ceyssac, Escublas, au vallon de Vals à Laroche. *Viv.*

2. A. AGRESTIS, *Vulpin des champs.* Dec. Lin. Juin. Les champs, les vignes, près d'Espaly. *Viv.*

3. A. GENICULATUS, *Vulpin genouillé.* Dec. Lin. L'été. Dans les lieux humides ou dans l'eau, les prés d'Escublas. *Viv.*

1. AGROSTIS SPICA-VENTI, *Agrostis jouet des vents.* Dec. Lin. Juin. Dans les moissons, près du Puy. *Ann.*

2. A. INTERRUPTA, *Agrostis interrompue.* Dec. Lin. Juin, juillet. Les terrains secs, les moissons, à Escublas. *Ann.*

3. A. DUBIA, *Agrostis douteuse*. Dec. Juillet. Bois montueux et ombragés, entre Escublas et la Bernarde. *Ann.*

4. A. VULGARIS, *Agrostis vulgaire*. Dec. Juin, juillet. Les prés, les bois, à Doue. *Ann.*

5. A. MINIMA. Lin. *Sturmia verna*. Persoon. Au printemps. Lieux secs et sablonneux. *Ann.*

1. STIPA PENNATA, *Stipe empennée*. Dec. Lin. Mai, juin. Lieux secs, montueux et sablonneux. *Viv.*

2. S. CAPILLATA, *Stipe chevelue*. Dec. Lin. Juin. Bois montueux et sablonneux, à Bauzit. *Viv.*

1. CALAMAGROSTIS COLORATA, *Calamagrostis colorée*. Dec. *Phalaris arundinacea*. Lin. Juin. Au bord des étangs, des rivières, au vallon de Vals à Laroche. *Viv.*

1. PHLEUM PRATENSE, *Phléole des prés*. Dec. Lin. Juin, juillet. Commun dans les prés. *Viv.*

1. PHALARIS PHLEOIDES, *Phalaris phléole*. Dec. Lin. Juin, juillet. Dans les prés, autour du Puy. *Viv.*

2. P. BULBOSA, *Phalaris bulbeuse*. Dec. Lin. Juin. Les lieux sablonneux, au vallon entre Vals et Laroche. *Viv.*

1. PANICUM VERTICILLATUM, *Panic verticillé*. Dec. Lin. Juillet. Les champs, les vignes, les jardins, au vignoble de Vals, dans les jardins du Puy. *Ann.*

1. PASPALUM SANGUINALE, *Paspale sanguin*. Dec. *Panicum sanguinale*. Lin. L'été. Les champs, les jardins, à Bauzit. *Ann.*

2. P. DACTYLON, *Paspale pied de poule*. Dec. *Panicum dactylon*. Lin. (Lou grè-më, lou gro-mo.) Juillet, août. Les lieux sablonneux, les vignes, les jardins, au Puy, à Ste-Sigolène. *Viv.*

1. AIRA CÆSPITOSA, *Canche en gazon*. Dec. Lin. Juin, juillet. Les prés humides, les bois ombragés, à Bauzit. *Viv.*

2. A. FLEXUOSA, *Canche flexueuse*. Dec. Lin. Juin, juillet. Les lieux secs, les rochers, les bois, aux environs du Puy. *Viv.*

3. A. MONTANA. Lin. Juin. Dans les lieux pierreux. *Viv.*

1. AVENA SATIVA, *Avoine cultivée*. Dec. Lin. (Chiva-do). Juin, juillet. Cultivée dans les champs. *Ann.*

2. A. ELATIOR, *Avoine élevée*. Dec. Lin. *Fromental*. L'été. Les lieux secs et au bord des bois, au vallon de Vals à Laroche, entre Espaly et la Bernarde. *Viv.*

3. A. FATUA, *Avoine follette*. Dec. Lin. Juin, juillet. Les champs, les haies, entre Espaly et la Bernarde. *Ann.*

4. A. FLAVESCENS. *Avoine jaunâtre*. Dec. Lin. L'été. Les prés,

les bois, à Doue, aux vallons de Vals à Laroche, et d'Espaly à la Bernarde. *Viv.*

5. A. LANATA, *Avoine laineuse.* Dec. *Holcus lanatus.* Lin. Juin, juillet. Les prés, pâturages, au vallon de Vals à Laroche, et d'Espaly à la Bernarde. *Viv.*

6. A. ODORATA, *Avoine odorante.* Dec. *Holcus odoratus.* Lin. Juin, juillet. Dans les prés, au vallon entre Vals et Laroche. *Viv.*

1. ANDROPOGON ISCHÆMUM, *Barbon pied-de-poule.* Dec. Lin. De juin à septembre. Les endroits secs, les coteaux, à Doue, entre Espaly et Escublas. *Viv.*

1. BROMUS SECALINUS, *Brome seigle.* Dec. Lin. Juin. Les champs, les prés secs, autour du Puy. *Ann.*

2. B. MOLLIS, *Brome mollet.* Dec. Lin. L'été. Dans les champs. *Ann.*

3. B. SQUARROSUS, *Brome rude.* Dec. Lin. Juin. Dans les moissons, au-dessus de Taulhac. *Ann.*

4. B. ARVENSIS, *Brome des champs.* Dec. Lin. L'été. Sur le penchant des champs secs. *Ann.*

5. B. PRATENSIS, *Brome des prés.* Dec. Juin, juillet. Les prés, les champs, au vallon d'Espaly. *Viv.*

6. B. TECTORUM, *Brome des toits.* Dec. Lin. L'été. Les toits, les murs, les lieux stériles, autour du Puy. *Ann.*

7. B. STERILIS, *Brome stérile.* Dec. Lin. L'été. Les lieux stériles. *Ann.*

1. ANTHOXANTHUM ODORATUM, *Flouve odorante.* Dec. Lin. Mai, juin. Les prés, les bois, au vallon de Vals à Laroche, à Doue, Ceyssac, de Vals à Bauzit. *Viv.*

1. FESTUCA OVINA, *Fétuque des brebis.* Dec. Lin. Mai, juin. Pâturages secs, coteaux arides, à Denise, au vallon de Vals à Laroche. *Viv.*

2. F. PRATENSIS. Lam. encyclop. t. 2, p. 460. L'été. Les prés, au vallon d'Espaly. *Viv.*

3. F. AMETHYSTINA. Lin. Juin. Lieux secs et sablonneux, au vallon d'Espaly à la Bernarde. *Viv.*

1. DACTYLIS GLOMERATA, *Dactyle pelotonné.* Dec. Lin. L'été. Les lieux secs, les prés, les bois, à Espaly, au vallon de Vals à Laroche. *Viv.*

1. CYNOSURUS CRISTATUS, *Cynosure à crête.* Dec. Lin. Juin. Les prés, pâturages secs, le long des chemins, à Espaly, à Doue, au vallon de Vals à Laroche. *Viv.*

1. BRIZA MEDIA, *Brize vulgaire.* Dec. Lin. *Amourette, pain d'oiseau.* Mai, juin. Les lieux secs, les bois, à Doue, Bauzit. *Viv.*

1. POA AIROIDES, *Paturin canche*. Dec. *Aira aquatica*. Lin. Mai, juin. Prés, pâturages humides, au Puy. *Viv.*

2. P. AQUATICA, *Paturin aquatique*. Dec. Lin. Juillet, août. Au bord des rivières, des étangs, dans les fossés aquatiques, à Audinet, la Bernarde. *Viv.*

3. P. ANNUA, *Paturin annuel*. Dec. Lin. L'été. Les chemins, les champs, lieux cultivés et incultes, au vallon de Vals à Laroche. *Ann.*

4. P. PRATENSIS, *Paturin des prés*. Dec. Lin. Juin. Les prés. *Viv.*

5. P. COMPRESSA, *Paturin comprimé*. Dec. Lin. Juin, juillet. Les lieux secs, les vieux murs, au Puy. *Viv.*

6. P. FLUITANS, *Paturin flottant*. Dec. *Festuca fluitans*. Lin. *Manne de Prusse*. L'été. Eaux stagnantes, fossés bourbeux, près du Puy. *Viv.*

7. P. CRISTATA., *Paturin en crête*. Dec. *Aira cristata*. Lin. Juin. Les gazons secs, les lieux sablonneux, à Doue, au vallon de Vals à Laroche. *Viv.*

8. P. NEMORALIS, *Paturin des bois*. Dec. Lin. Juin. Les bois, lieux ombragés, au vallon d'Espaly. *Viv.*

9. P. ANGUSTIFOLIA, *Paturin à feuille étroite*, Dec. Lin. Juin. Les prés, champs, bois, à Espaly. *Viv.*

10. P. BULBOSA, *Paturin bulbeux*. Dec. Lin. Mai, juin. Sur les murs, à Bauzit, entre Espaly et la Bernarde. *Viv.*

1. MELICA CILIATA, *Mélique ciliée*. Dec. Lin. Juillet. Les lieux secs, près du Puy, au col de la Paille. *Viv.*

2. M. MONTANA, *Mélique de montagne*. Dec. *Melica nutans* Lin. Juin. Les lieux secs, les rochers, près du Puy. *Viv.*

1. DANTHONIA DECUMBENS, *Dantonie inclinée*. Dec. *Festuca decumbens*. Lin. Juin. Les bois, les pâturages secs, près du Puy. *Viv.*

1. ARUNDO NIGRICANS. Mérat, *Nouvelle Flore par.*, *édit.* 2. *Roseau à balais*. Juin, juillet, août. Les lieux marécageux, prés aquatiques de la Bernarde. *Viv.* On confond cette plante avec l'*Arundo phragmites*. Lin.

1. ZEA MAYS. Lin. *Maïs cultivé*, *Mays zea*. Dec. (Bla d'Espa-gnio). Juillet, août. Cultivé. *Ann.*

1. TRITICUM HYBERNUM. Lin. *Le Froment*, *Blé d'hiver* (Froumen). Juin. Cultivé. *Ann.*

2. T. ÆSTIVUM. Lin. *Blé d'été* (Froumen tremisaou). Mai, juin. Cultivé. *Ann.*

3. T. JUNCEUM, *Froment à feuilles de jonc*, Dec. Lin. Juin, juillet. Au bord des chemins, à Doue. *Viv.*

4. T. PUNGENS, *Froment piquant.* Var. C. Dec. Au bord des rivières, près du Puy.

5. T. REPENS, *Froment rampant.* Dec. Lin. *Chiendent.* L'été. Les lieux cultivés, jardins, vignes. *Viv.*

6. T. NARDUS, *Froment faux-nard.* Dec. Juin, juillet. Lieux secs et pierreux, au mont Deuise. *Ann.*

7. T. PINNATUM, *Froment penné.* Dec. *Bromus pinnatus.* Lin. Juin. Les bois, pâturages secs, à Doue, au vallon de Vals à Laroche. *Viv.*

1. LOLIUM PERENNE, *Yvraie vivace.* Dec. Lin. *Ray-grass.* L'été. Au bord des chemins, des champs. *Viv.*

2. L. TENUE, *Yvraie menue.* Dec. Lin. L'été. Aux mêmes lieux que la précédente. *Viv.*

3. L. TEMULENTUM, *Yvraie enivrante.* Dec. Lin. Juin, juillet. Parmi les moissons. *Ann.*

1. SECALE CEREALE, *Seigle cultivé.* Dec. Lin. (Sedgiaou). Mai. Cultivé. *Ann.*

1. HORDEUM VULGARE, *Orge commune.* Dec. Lin. (Eur-dge). Juin. Cultivée. *Ann.*

2. H. HEXASTICHON, *Orge à six rangs.* Dec. Lin. Mai, juin. Cultivée. *Ann.*

3. H. DISTICHON, *Orge à deux rangs.* Dec. Lin. Mai, juin. Cultivée. *Ann.*

4. H. MURINUM, *Orge queue-de-souris.* Dec. Lin. L'été. Le long des chemins, sur les murs. *Ann.*

FAMILLE TREIZIÈME.

LES CYPÉRACÉES. (*Jussieu.*)

1. CYPERUS LONGUS, *Souchet long.* Dec. Lin. *Souchet odorant.* Juillet, août, septembre. Les marais, fossés, prés aquatiques, à Sainte-Sigolène. *Viv.*

1. SCIRPUS PALUSTRIS, *Scirpe des marais.* Dec. Lin. Juin. Prés aquatiques, bord des rivières, le long de la Borne au Puy, à Bauzit, Sainte-Sigolène. *Viv.*

2. S. CARICIS, *Scirpe faux-carex.* Dec. *Schœnus compressus.* Lin. Mai, juin. Prés humides, à Solignac. *Viv.*

3. S. LACUSTRIS, *Scirpe des lacs.* Dec. Lin. Juin, juillet, août. Eaux pures stagnantes, près du pont d'Espaly. *Viv.*

4. S. SYLVATICUS, *Scirpe des bois.* Dec. Lin. Juin. Prés humides, à Mons, Ceyssac, Mussic, Veneyres, Chassaure, Saint-Hostien. *Viv.*

1. Eriophorum polystachion, *Linaigrette à plusieurs épis.* Dec. Lin. *Linaigrette, Lin des marais.* Avril, mai, juin. Les marais, prés aquatiques, à Bauzit, Cussac, Monnets, Montbonnet, Fix, La Sauvetat, Pradelles, entre Yssingeaux et Lapte, à Tence. *Viv.*

1. Carex pulicaris, *Carex puce.* Dec. Lin. Mai, juin. Les bois et prés limoneux, à Sainte-Sigolène. *Viv.*

2. C. arenaria, *Carex des sables.* Dec. Lin. Mai, juin. Les lieux sablonneux, aux pâturages de Bauzit. *Viv.*

3. C. paniculata, *Carex en panicule.* Dec. Lin. Mai, juin. Les prés humides, à Sainte-Sigolène. *Viv.*

4. C. atrata, *Carex en deuil.* Dec. Lin. Avril, mai, juin. Les pâturages des hautes montagnes, à Solignac. *Viv.*

5. C. gracilis, *Carex grêle.* Dec. *Carex acuta nigra.* Lin. Mai, juin. Les bois, à Bauzit. *Viv.*

6. C. montana, *Carex de montagne.* Dec. Lin. Avril, mai. Sur les montagnes, entre Taulhac et Cussac. *Viv.*

7. C. pilulifera, *Carex à pilules.* Dec. Lin. Mai, juin. Bois et pâturages des montagnes, à la cascade de la Baume. *Viv.*

8. C. ericetorum, *Carex des bruyères.* Dec. *Carex globularis.* Lin. Mai, juin. Les lieux élevés, au sommet du Mezenc. *Viv.*

9. C. hirta, *Carex hérissé.* Dec. Lin. Juin, juillet. Les lieux humides, les bois, à Mons, au bois sous le château de Poinsac. *Viv.*

10. C. flava, *Carex jaune.* Dec. Lin. Avril, mai. Les lieux ombragés, humides, à Bauzit. *Viv.*

11. C. alpestris, *Carex des Alpes.* Dec. Juin. Les coteaux élevés, à Masigone sous Pradelles. *Viv.*

12. C. distans, *Carex distant.* Dec. Lin. Mai, juin. Les prés humides, le bord des ruisseaux, à Bauzit. *Viv.*

13. C. patula, *Carex étalé.* Dec. *Carex drymeja.* Lin. Les bois humides, à Chassaure près de Saint-Quentin. *Viv.*

14. C. vesicaria, *Carex en vessie.* Dec. Juin. Les marécages et bois humides, à Mussic, Veneyres. *Viv.*

15. C. paludosa, *Carex des marais.* Dec. Mai, juin. Le bord des fossés et des ruisseaux, entre le Puy et Vals, à Chauras. *Viv.*

16. C. riparia, *Carex des rives.* Dec. Mai, juin. Bord des ruisseaux et des fossés, dans les prés de Jandriac. *Viv.*

CLASSE QUATRIÈME.

MONOCOTYLÉDONES MONOPÉRIANTHÉES SUPEROVARIÉES.

FAMILLE QUATORZIÈME.

LES THYPHACÉES. (*Jussieu.*)

1. THYPHA LATIFOLIA, *Massette à large feuille.* Dec. Lin. *Masse-d'eau*, *Massette.* (Dzoun bastar.) Juin, juillet. Les prés marécageux, fossés profonds, bord des rivières, à la Bernarde, Saint-Vidal, au Villard. *Viv.*

2. T. ANGUSTIFOLIA, *Massette à feuille étroite.* Dec. Lin. Juin, juillet. Les mêmes lieux, au marais de Saint-Vidal. *Viv.*

1. SPARGANIUM RAMOSUM, *Rubanier rameux.* Dec. *Sparganium erectum*, A. Lin. *Ruban-d'eau.* Juillet, août. Les fossés, le bord des rivières, des étangs, à la Chabanne, à Bordel, la Bernarde, Mussic. *Viv.*

2. S. SIMPLEX, *Rubanier simple.* Dec. *Sparganium erectum*, B. Lin. Juillet, août. Les mares, les ruisseaux, à Vazeilles près de Saugues, à Saint-Arcons-d'Allier. *Viv.*

FAMILLE QUINZIÈME.

LES NAÏADÉES. (*Jussieu.*)

1. LEMNA MINOR, *Lenticule exiguë.* Dec. Lin. *Lentille d'eau.* Mai, juin. Commune dans les eaux tranquilles, autour du Puy, à Brives, Bauzit. *Ann.*

1. CALLITRICHE VERNA, *Callitriche à fruit sessile*, var. A. Dec. Lin. Au printemps. Les eaux qui ont peu de mouvement, près du Puy sous Aiguilhe. *Ann.*

2. C. AUTUMNALIS, *Callitriche à fruit sessile*, var. D. Dec. Lin. Septembre, octobre. Même station. *Ann.*

1. POTAMOGETON NATANS, *Potamot nageant.* Dec. Lin. *Epi d'eau.* Fleurs d'un blanc sale. L'été. Les eaux qui ont peu de mouvement, à l'étang de Costaros, la Borne. *Viv.*

2. P. FLUITANS, *Potamot flottant.* Dec. Fleurs d'un blanc sale. A l'étang de Costaros. *Viv.*

3. P. LUCENS, *Potamot luisant.* Dec. Lin. Fleurs verdâtres. L'été. Au lac de Saint-Front. *Viv.*

4. P. CRISPUM, *Potamot crépu.* Dec. Lin. Fleurs verdâtres. Avril, mai. Les fossés, les ruisseaux, la Borne et les biez qui en dérivent. *Viv.*

FAMILLE SEIZIÈME.

LES JONCÉES. (*Mirbel.*)

1. JUNCUS EFFUSUS, *Jonc épars*. Dec. Lin. Fleurs blanchâtres. Mai, juin, juillet. Dans les fossés aquatiques, à Bauzit, Espaly, la Bernarde, entre Yssingeaux et Tence. *Viv.*

2. J. ARTICULATUS, *Jonc articulé*. Dec. Lin. Fleurs d'un jaune brun. Juin, juillet. Fossés marécageux, rigoles des prés montueux, à Bauzit, au bois de la Borie près Saint-Jeure. *Viv.*

3. J. SYLVATICUS, *Jonc des bois*. Dec. Fleurs d'un brun noirâtre. Juillet, août. Bord des rivières, des ruisseaux, la Loire, la Borne, à Vazeilles près Saugues. *Viv.*

4. J. ALPINUS, *Jonc des Alpes*. Dec. Fleurs noirâtres. Septembre, octobre. Les montagnes, à Bauzit. *Viv.*

5. J. FLUITANS, *Jonc flottant*. Dec. Fleurs brunes. Juillet. Les fossés, les eaux stagnantes, à Vazeilles près de Saugues. *Viv.*

6. J. BULBOSUS, *Jonc bulbeux*. Dec. Lin. Fleurs brunes. Mai, juin. Les prés et pâturages humides. *Viv.*

1. LUZULA NIVEA, *Luzule blanc-de-neige*. Dec. *Juncus niveus*. Lin. Fleurs d'une blancheur éclatante. Juin, juillet. Dans les bois, à Doue, à Solignac. *Viv.*

2. L. SPADICEA, *Luzule marron*. Dec. *Juncus pilosus*, B. Lin. Fleurs d'un brun roux. Juillet, août. Lieux humides et ombragés, à Croisance près Saugues. *Viv.*

3. L. VERNALIS, *Luzule printannière*. Dec. *Juncus pilosus*, A. Lin. Fleurs brunes, un peu nuancées de blanc. Avril, mai, juin. Les bois, les prés, à Doue, Saint-Germain, Chacornac. *Viv.*

4. L. FORSTERI, *Luzule de Forster*. Dec. Fleurs brunâtres. Dans les bois, à Doue. *Viv.*

5. L. CAMPESTRIS, *Luzule des champs*. Dec. *Juncus campestris*. Lin. Fleurs brunes. Avril, mai. Les bois, les lieux secs et arides, à Bauzit. *Viv.*

FAMILLE DIX-SEPTIÈME.

LES ASPARAGINÉES. (*Jussieu.*)

1. ASPARAGUS OFFICINALIS, *Asperge officinale*. Dec. Lin. *Asperge*. Fleurs verdâtres. L'été. Cultivée. *Viv.*

1. PARIS QUADRIFOLIA, *Parisette à quatre feuilles*. Dec. Lin. *Herbe à Paris*, *Raisin de renard*. Fleurs vertes. Juin, juillet. Dans les bois, à Doue, St-Hostien, à Champclause, au Mezenc. *Viv.*

1. CONVALLARIA MAJALIS, *Muguet de mai.* Dec. Lin. *Muguet.* Fleurs blanches. Mai. Dans les bois, à ceux de la Crebade, la Bernarde, Laroche et de Manibrand. *Viv.*

2. C. VERTICILLATA, *Muguet verticillé.* Dec. Lin. Fleurs blanchâtres. Mai, juin. Lieux escarpés et ombragés, aux bois des Verdoyers et de Bonneville, au Mezenc. *Viv.*

3. C. POLYGONATUM, *Muguet anguleux.* Dec. Lin. *Sceau de Salomon.* Fleurs blanches. Mai, juin. Les bois, les haies, les rochers, à Bauzit, Chadrac, Laroche, Jandriac, Agizoux, Sainte-Sigolène. *Viv.*

1. MAYANTHEMUM BIFOLIUM, *Mayanthème à deux feuilles.* Dec. *Convallaria bifolia.* Lin. Fleurs blanches. Juin. Dans les bois montueux, ceux de Ceyssac, du Villard, Saint-Hostien, Aulagny près Montregard, Pelissac près de Tence, au Mezenc. *Viv.*

1. RUSCUS ACULEATUS, *Fragon piquant.* Dec. Lin. *Petit-houx, Houx-frélon.* Fleurs d'un vert blanchâtre, à tube ou godet d'un violet pâle. Mai. Dans les bois montueux, dans celui sous la Crebade près Ceyssac. *Lign.*

FAMILLE DIX-HUITIÈME.

LES COLCHICACÉES. (*Decandolle.*)

1. VERATRUM ALBUM, *Vératre blanc.* Dec. Lin. *Hellébore blanc.* Fleurs d'un vert blanchâtre. Juillet. Les pâturages des hautes montagnes, à Chacornac, la Sauvetat, Sainte-Sigolène, Saint-Ferréol, aux Estables. *Viv.*

2. V. NIGRUM, *Vératre noir.* Dec. Lin. Fleurs d'un noir pourpre. Juillet. Les prés des montagnes, à Queyrières, Manibrand. *Viv*

1. COLCHICUM AUTUMNALE, *Colchique d'automne.* Dec. Lin. *Tue-chien.* (Cë-bo de pra, cë-bo de ser.) Fleurs d'un lilas pâle. Septembre, octobre. Les prés humides, au Puy, à Vals, Montgiraud, Sainte-Sigolène. *Viv.*

FAMILLE DIX-NEUVIÈME.

LES LILIACÉES. (*Jussieu.*)

1. SCILLA BIFOLIA, *Scille à deux feuilles.* Dec. Lin. Fleurs d'un bleu clair. Avril. Les pâturages, les bois, près du bord méridional du bois de Chadrac. *Viv.*

1. ORNITHOGALUM LUTEUM, *Ornithogale jaune.* Dec. Lin. Fleurs jaunes. Mars, avril. Les champs, les prés, au bord de la Borne près du Puy, à Bauzit, Eycenac, Agizoux. *Viv.*

2. O. MINIMUM, B. BULBIFERUM, *Ornithogale nain*, B. Dec. Lin. Fleurs jaunes. Mars, avril. Les champs, les vignes, au vignoble de Chausson. *Viv.*

3. O. UMBELLATUM, *Ornithogale en ombelle*. Dec. Lin. *Dame de onze heures.* Fleurs blanches, avec une ligne verte à chaque pétale. Mai, juin. Dans les champs, à Pebelit, au Mazel sous Pradelles. *Viv.*

4. O. NARBONENSE, *Ornithogale de Narbonne*. Dec. Lin. Fleurs blanches, mêlées de vert. Mai, juin. Jardin près la porte de Vienne du Puy. *Viv.*

1. LILIUM MARTAGON, *Lys martagon.* Dec. Lin. *Martagon.* Fleurs purpurines ou blanchâtres, parsemées de taches purpurines foncées ou noirâtres. Juin, juillet. Les bois, les prés montueux, à Laval, Saint-Blaise, Jandriac, Veneyres, Poinsac, Saint-Vidal, la cascade de la Baume, aux Estables. *Viv.*

1. PHALANGIUM LILIAGO, *Phalangère fleur-de-lys.* Dec. *Anthericum liliago.* Lin. Fleurs blanches. Juin, juillet. Les bois montueux, à Saint-Blaize, Ceyssac, Farges, Doue, Jandriac, Laroche, Solignac. *Viv.*

1. MUSCARI RACEMOSUM, *Muscari à grappe.* Dec. *Hyacinthus racemosus.* Lin. *Ail des chiens.* Fleurs d'un bleu foncé, avec un rebord blanchâtre. Avril, mai. Les champs, vignes, autour du Puy, à Chadrac, Bauzit. *Viv.*

2. M. COMOSUM, *Muscari à toupet.* Dec. *Hyacinthus comosus.* Lin. Vacier. *Jacinthe à toupet.* Fleurs bleues-pourpres. Mai, juin. Les champs, vignes, près du Puy, à Ours, Solignac, Ceyssaguet. *Viv.*

1. ALLIUM PORRUM, *Ail poireau.* Dec. Lin. *Porreau, poireau.* (Pourra-do). Fleurs blanchâtres. Été. Cultivé. *Bisan.*

2. A. ROTUNDUM, *Ail rond.* Dec. Lin. Fleurs d'un pourpre clair. Juillet, août. Les champs, à Solignac. *Viv.*

3. A. VICTORIALIS, *Ail victoriale.* Dec. Lin. Fleurs pourpres ou blanchâtres, teintes de vert. Juillet. Au Mezenc. *Viv.*

4. A. SATIVUM, *Ail cultivé.* Dec. Lin. *Ail commun.* (A-ï). Fleurs blanchâtres, un peu pourpres. Cultivé. *Viv.*

5. A. SPHÆROCEPHALON, *Ail à tête ronde.* Dec. Lin. Fleurs pourpres. Juin, juillet. Coteaux secs et sablonneux, à Doue, Payrard, Cheyrac, au vignoble de Chausson, à Langeac. *Viv.*

6. A. PALLENS, *Ail pâle.* Dec. Lin. Fleurs blanchâtres. Juillet, août. A Bonneville. *Viv.*

7. A. VINEALE, *Ail des vignes.* Dec. Lin. Fleurs pourpres. Juin, juillet. Les vignes, les haies, aux vignobles de Chausson et de Montgiraud. *Viv.*

8. A. PANICULATUM, *Ail en panicule.* Dec. Lin. Fleurs pur-

purines ou violettes. Juillet. Lieux montagneux et incultes, à Roche-Besseyre près Langeac. *Viv.*

9. A. CEPA, *Ail ognon.* Dec. Lin. *Oignon.* (Cë-bo). Fleurs blanchâtres. Été. Cultivé. *Bisan.*

10. A. SCHŒNOPRASUM, *Ail civette.* Dec. Lin. *Civette.* (Pourrado d'Espa-gnio). Fleurs purpurines. Août. Les pâturages montueux, au bord d'un bois entre Ceyssac et Chantillac. *Viv.* Cultivé aussi dans les jardins.

CLASSE CINQUIÈME.

MONOCOTYLÉDONES MONOPÉRIANTHÉES INFEROVARIÉES.

FAMILLE VINGTIÈME.

LES NARCISSÉES. (*Jussieu.*)

1. NARCISSUS POETICUS, *Narcisse des poëtes.* Dec. Lin. (Narchi-sso). Fleurs blanches, nectaire orangé. Avril, mai. Dans les prés, à Vals, au pont d'Estrouilhas, à Chadrac, Bauzit, Bains, Costaros, la Sauvetat, Pradelles, la Chaise-Dieu, Sainte-Sigolène. *Viv.*

2. N. PSEUDO-NARCISSUS, *Narcisse faux-narcisse.* Dec. Lin. *Aiault*, *Porillon.* (Dzounki-lio). Fleurs jaunes. Mars, avril. Les prés, les bois, à Esplantas, Foumourette, Sainte-Sigolène, entre Tence et Saint-Jeure. *Viv.*

1. GALANTHUS NIVALIS. *Galantine perce-neige.* Dec. Lin. *Perce-neige.* (los Bilio-tos). Fleurs blanches, nectaire verdâtre. Mars. Prés et bois montueux, près des moulins de Charensac et de Solignac, Bois de Solignac. *Viv.*

FAMILLE VINGT-UNIÈME.

LES IRIDÉES. (*Decandolle.*)

1. IRIS GERMANICA, *Iris germanique.* Dec. Lin. *Iris*, *Flambe.* (Coutelas). Fleurs d'un bleu violet. Mai, juin. Les rochers, les vieux murs, au rocher de Corneille, sur les murs de ville du Puy, à Sainte-Sigolène, *Viv.*

2. I. PSEUDO-ACORUS, *Iris faux-acore.* Dec. Lin. *Iris des marais*, *Glayeul des marais.* Fleurs jaunes. De mai à juillet. Les marais, le bord des rivières, à Montgirand, à Senilhac, au Mas près Sanssac, à Saint-Vidal, Cussac. *Viv.*

1. CROCUS VERNUS, *Safran printanier.* Dec. Lin. Fleurs

blanches, quelquefois violettes ou purpurines. Mars, avril. Les prés, à Allentin, au Vernet, à Escublas, entre Vals et Laval, entre Saint-Jeure et Tence. *Viv.*

FAMILLE VINGT-DEUXIÈME.

LES ORCHIDÉES. (*Jussieu.*)

1. ORCHIS BIFOLIA, *Orchis à deux feuilles*. Dec. Lin. Fleurs d'un blanc sale. Juin. Bois humides, haies, à Ceyssac, Doue, au Mezenc. *Viv.*

2. O. GLOBOSA, *Orchis globuleux*. Dec. Lin. Fleurs pourpres. Juin, juillet. Prés montueux, à Saint-Hostien, au Mezenc. *Viv.*

3. O. PYRAMIDALIS, *Orchis pyramidal*. Dec. Lin. Fleurs purpurines, quelquefois blanches. Mai, juin. Prés, pâturages secs, à Bauzit, Solignac. *Viv.*

4. O. MORIO, *Orchis bouffon*. Dec. Lin. Fleurs purpurines, parfois blanches. Avril, mai. Prés, pâturages, bord des bois, à Cussac, la Baume, au bois de Laroche, à la Planche près de Grazac. *Viv.*

5. O. MASCULA, *Orchis mâle*. Dec. Lin. Mêmes fleurs que le précédent. Avril, mai. Bois, pâturages, à Solignac, la Baume, au bois de Laroche. *Viv.*

6. O. PALLENS, *Orchis pâle*. Dec. Lin. Fleurs d'un jaune pâle. Mai. Bois montueux, à Chacornac. *Viv.*

7. O. LAXIFLORA, *Orchis à fleurs lâches*. Dec. Lin. Fleurs pourpres. Avril, mai, juin. Prés et bois humides, à Bauzit, la Bernarde, à Chacornac, au Mazel près Pradelles, à Fix, Craponne. *Viv.*

8. O. USTULATA, *Orchis brûlé*. Dec. Lin. Fleurs pourpres et blanches. Mai, juin. Prés et pâturages, à Chadrac. *Viv.*

9. O. MILITARIS, *Orchis militaire*. Dec. Lin. Fleurs pourpres. Mai, juin. Bois, prés couverts, à la Bernarde, au mont Mercy près Chacornac. *Viv.*

10. O. CONOPSEA, *Orchis à long éperon*. Dec. Lin. Fleurs purpurines. Juin, juillet. Les bois, les prés, à Doue, Bauzit, Ceyssac, Chacornac, Bonneville. *Viv.*

11. O. LATIFOLIA, *Orchis à larges feuilles*. Dec. Lin. Fleurs purpurines, quelquefois blanches. Mai, juin. Les prés, à Ceyssac, Saint-Hostien. *Viv.*

12. O. MACULATA, *Orchis taché*. Dec. Lin. Fleurs d'un blanc-rosé à taches purpurines. Mai, juin. Pâturages et bois montueux, à Bauzit, Saint-Hostien, la Chaise-Dieu. *Viv.*

13. O. SAMBUCINA, *Orchis sureau*. Dec. Lin. Fleurs d'un

jaune pâle, quelquefois purpurines. Mai, juin. Prés des montagnes, à Saint-Hostien, Bonneville. *Viv.*

1. SATYRIUM VIRIDE. Lin. *Orchis verdâtre*, *Orchis viridis*. Dec. Fleurs d'un vert-jaunâtre, quelquefois un peu rouges. Juin. Les bois, les pâturages, à Bauzit. *Viv.*

1. OPHRYS NIDUS-AVIS. Lin. *Epipactis nid-d'oiseau*, *Epipactis nidus-avis*. Dec. Fleurs roussâtres. Juin. Bois et lieux couverts des hautes montagnes, à Chacornac, au Mezenc, au bois de Bonneville. *Viv.*

2. O. OVATA. Lin. *Epipactis ovale*, *Epipactis ovata*. Dec. Fleurs verdâtres. Juin. Les bois, prés ombragés, au bois de Doue, à la vallée de Manibrand près de la Guimpe. *Viv.*

3. O. SPIRALIS. Lin. *Neottie spirale*, *Neottia spiralis*. Dec. Fleurs blanchâtres. Août, septembre. Pâturages des montagnes, à Saint-Hostien. *Viv.*

4. O. MYODES. Jacq. *Ophrys mouche*. Dec. Fleurs vertes et pourpres. Mai, juin. Les bois, pâturages, au bois de Doue. *Viv.*

1. SERAPIAS LATIFOLIA. Lin. *Epipactis à larges feuilles*, *Epipactis latifolia*. Dec. Fleurs pourpres. Juin, juillet. Les bois, prés ombragés, à Ours, dans les bois de Taulhac, Bauzit, Doue, Poinsac. *Viv.*

2. S. GRANDIFLORA. Lin. *Epipactis en lance*, *Epipactis lancifolia*. Dec. Fleurs d'un blanc jaunâtre. Mai, juin. Bois, celui de Doue. *Viv.*

3. S. RUBRA. Lin. *Epipactis rouge*, *Epipactis rubra*. Dec. Fleurs d'un pourpre clair. Juin, juillet. Dans les bois montueux, ceux de Bauzit, de Doue, Poinsac, Veneyres près de Cussac. *Viv.*

FAMILLE VINGT-TROISIÈME.

LES AROÏDÉES. (*Jussieu.*)

1. ARUM MACULATUM. Lin. *Gouet commun*, *Arum vulgare*, Dec. *Pied-de-veau*, *Gouet*. Fleurs d'un vert pâle. Mai, juin. Les haies, buissons, lieux couverts, au Chier, à la cascade de la Baume, à Saint-Hostien, Bonneville, Pailharou près Retournac, Chabannes près d'Aurec. *Viv.*

CLASSE SIXIÈME.

MONOCOTYLÉDONES DIPÉRIANTHÉES INFEROVARIÉES.

(Nul genre dans ce département qui appartienne à cette classe.)

CLASSE SEPTIÈME.

MONOCOTYLÉDONES DIPÉRIANTHÉES SUPEROVARIÉES.

FAMILLE VINGT-QUATRIÈME.

LES ALISMACÉES. (*Ventenat.*)

1. ALISMA PLANTAGO, *Fluteau plantain-d'eau*. Dec. Lin. *Plantain aquatique*. Fleurs blanches ou roses. Juillet, août. Au bord des rivières, fossés aquatiques, au bord de la Borne au Puy, à Chaponnades, Audinet, Bordel et la Chabanne près Lantriac, Langeac, Chanteuges. *Viv.*

II. LES DICOTYLÉDONES.

CLASSE HUITIÈME.

DICOTYLÉDONES MONOPÉRIANTHÉES INFEROVARIÉES.

FAMILLE VINGT-CINQUIÈME.

LES ÉLÉAGNÉES. (*Jussieu.*)

1. THESIUM LINOPHYLLUM, *Thésion à feuilles de lin*. Dec. Lin. Fleurs d'un blanc sale. Juin, juillet. Les bois, coteaux, rochers, celui de l'Arbousset, au bois de Ceyssac, à St.-Blaise, au mont Merey. *Viv.*

2. T. ALPINUM, *Thésion des Alpes*. Dec. Lin. Fleurs blanchâtres. L'été. Dans les montagnes, pâturage près du château de Bonneville. *Viv.*

1. HIPPURIS VULGARIS, *Pesse commune*. Dec. Lin. *Pesse d'eau*. Fleurs d'un blanc sale. Juin, juillet. Au bord des eaux, de la rivière de Borne sous Aiguilhe. *Viv.*

FAMILLE VINGT-SIXIÈME.

LES ARISTOLOCHÉES. (*Jussieu.*)

1. ARISTOLOCHIA CLEMATITIS, *Aristoloche clématite*. Dec. Lin. Fleurs d'un jaune vert. Mai, juin, juillet. Lieux pierreux, les vignes, champs, au vignoble de Chausson près du Puy. *Viv.*

1. Asarum europæum, *Asaret d'Europe*. Dec. Lin. *Cabaret*, *oreille-d'homme*. Fleurs d'un rouge noirâtre. Mai, juin. Les bois, lieux couverts et rocailleux, à Coubon, Souchiol, Farges, au Monastier, à Saint-Front, Craponne. *Viv.*

CLASSE NEUVIÈME.

DICOTYLÉDONES MONOPÉRIANTHÉES SUPEROVARIÉES.

FAMILLE VINGT-SEPTIÈME.

LES DAPHNÉES. (*Mérat.*)

1. Daphne mezereum, *Daphné bois-gentil*. Dec. Lin. *Bois-gentil*. Fleurs pourpres, rarement blanches. Février, mars, avril. Les bois montueux, ceux de Laroche, la Baume, des Verdoyers, du Monastier. *Lign.*

2. D. laureola, *Daphné lauréole*. Dec. Lin. *Lauréole*. Fleurs d'un jaune vert. Février, mars. Les bois montueux, á Solignac, à Saint-Romain-Lachalm. *Lign.*

3. D. cneorum, *Daphné camelée*. Dec. Lin. Fleurs d'un pourpre clair, quelquefois blanches. Avril, mai et en automne. Les montagnes, les bois arides, au pont Salomon. *Lign.*

FAMILLE VINGT-HUITIÈME.

LES ULMACÉES. (*Loiseleur* et *Marquis.*)

1. Ulmus campestris, *Orme des champs*. Dec. Lin. *Orme*, *Ormeau*. (Aou-mè.) Fleurs d'un blanc sale, un peu pourpres. Mars, avril. Lieux montagneux, les villages, où se trouve aussi la variété à feuilles très-larges. *Lign.*

FAMILLE VINGT-NEUVIÈME.

LES SANGUISORBÉES. (*Loiseleur* et *Marquis.*)

1. Sanguisorba officinalis, *Sanguisorbe officinale*. Dec. Lin. *Pimprenelle des montagnes*. Fleurs blanches. Mai, juin. Les haies, les bois, ceux de Viaye, de Laroche, au Puy, à Bauzit, Ceyssac, Doue, Jandriac, Cleyssac, Mouncts, Saint-Hostien. *Viv.*

1. Poterium sanguisorba, *Pimprenelle sanguisorbe*. Dec. Lin. *Pimprenelle*. Fleurs verdâtres, puis purpurines. Mai, juin. Les prés secs, les bois, à Bauzit, Pebelit, Montbonnet, au Villard. *Viv.*

1. Aphanes arvensis. Lin. *Alchimille des champs*, *Alchimilla aphanes*. Dec. *Percepier*, *Petit pied de lion*. Fleurs verdâtres. Mai, juin. Dans les champs, les bois. *Ann.*

FAMILLE TRENTIÈME.

LES URTICÉES. (*Jussieu.*)

1. URTICA URENS, *Ortie brûlante*. Dec. Lin. *Ortie grièche*. (Ourqui-dzo pequi-to.) Fleurs verdâtres. L'été. Les lieux cultivés, le bord des champs, le long des chemins. *Ann.*

2. U. PILULIFERA, *Ortie à pilules*. Dec. Lin. *Ortie romaine*. Fleurs verdâtres. Juin, juillet. Champs, lieux incultes, au pont Salomon près Saint-Ferréol. *Ann.*

3. U. DIOICA, *Ortie dioïque*. Dec. Lin. *Grande ortie* (Ourqui-dzo gron-do). Fleurs verdâtres. Été. Lieux incultes, haies, buissons, au Puy, à Sainte-Sigolène. *Viv.*

1. HUMULUS LUPULUS, *Houblon grimpant*. Dec. Lin. *Houblon*. Fleurs presque vertes. Juillet, août. Haies, buissons, lieux ombragés, aux bords de la Borne et du Dolaison près du Puy, à Sainte-Sigolène. *Viv.*

1. CANNABIS SATIVA, *Chanvre cultivé*. Dec. Lin. *Chanvre*. (Tsonebou). Fleurs verdâtres. Juin, juillet. Cultivé *Ann.*

1. PARIETARIA OFFICINALIS, *Pariétaire officinale*. Dec. Lin. *Pariétaire*. Fleurs d'un vert blanchâtre. Juillet, août, septembre. Les décombres, les vieux murs, les cours, au Puy, à Monistrol-sur-Loire, à Brioude. *Viv.* Rare.

1. MORUS NIGRA, *Mûrier noir*. Dec. Lin. (Amou-los nei-ro). Fleurs verdâtres. Avril, mai. Cultivé. *Lign.*

2. M. ALBA., *Mûrier blanc*. Dec. Lin. Fleurs verdâtres. Avril, mai. Cultivé. *Lign.*

1. FICUS CARICA, *Figuier commun*. Dec. Lin. Cultivé dans les jardins, les vignes, à Bouteyre, à Doue. *Lign.*

FAMILLE TRENTE-UNIÈME.

LES POLYGONÉES. (*Jussieu.*)

1. POLYGONUM BISTORTA, *Renouée bistorte*. Dec. Lin. *Bistorte*. (Bouï-no). Fleurs roses. Mai, juin. Prés, pâturages, au Puy, à Vals, Montbonnet, Solignac, la Sauvetat, Pradelles, Sainte-Sigolène. *Viv.*

2. P. AVICULARE, *Renouée des petits oiseaux*. Dec. Lin. *Renouée*, *Traînasse*, *Centinode*. (Pourtchi-no). Fleurs mêlées de blanc, de vert, quelquefois de rouge. Été. Champs, chemins, cours, au Puy, à Bauzit, Sainte-Sigolène. *Ann.*

3. P. AMPHIBIUM, *Renouée amphibie*. Dec. Lin. Fleurs d'un pourpre clair. Été. Rivières et lieux aquatiques, à Montgiraud, Jandriac, Farges, Peyredeyre, Saint-Vidal, Saint-Arcons-d'Allier, au pont de Vabres. *Viv.*

4. P. PERSICARIA, *Renouée persicaire*. Dec. Lin. *Persicaire*. Fleurs roses, quelquefois blanches. Juillet, août. Fossés, lieux humides, au Puy, à Vals, Sainte-Sigolène. *Ann.*

5. P. HYDROPIPER, *Renouée poivre-d'eau*. Dec. Lin. *Poivre-d'eau*, *Curage*. Fleurs d'un blanc sale. Juillet, août. Bord des rivières, fossés, au Puy le long de la Borne, à Audinet. *Ann.*

6. P. FAGOPYRUM, *Renouée sarrazin*. Dec. Lin. *Sarrazin*, *Blé noir*. Fleurs blanches, mêlées de rose. Été. Cultivée. *Ann.*

7. P. CONVULVULUS, *Renouée liseron*. Dec. Lin. *Vrillée bâtarde*. Fleurs d'un blanc sale, anthères violettes. Été. Les champs et lieux cultivés, au Puy, à Saint-Marcel, Farnier, Bauzit, Sainte-Sigolène. *Ann.*

1. RUMEX PATIENTIA, *Rumex patience*. Dec. Lin. *Patience*. (Renè-brë, Rousé-më, Anpayaou, Tsaou-gras). Fleurs verdâtres. Juin, juillet. Les prés, au Puy, à Langeac, Sainte-Sigolène. *Viv.*

2. R. NEMOLAPATHUM, *Rumex des bois*. Dec. Lin. Fleurs verdâtres. Juin, juillet, août. Les bois humides, à Laval, aux Rioux. *Viv.*

3. R. ACUTUS, *Rumex à feuilles aiguës*. Dec. Lin. Fleurs verdâtres. Juin, juillet. Les prés, fossés, terrains humides, à Doue. *Viv.*

4. R. SCUTATUS, *Rumex à écusson*. Dec. Lin. *Oseille ronde*. (Ousë-lio pequi-to). Fleurs presque vertes. Mai, juin. Lieux pierreux des montagnes, au bois du Séminaire du Puy. Cultivée dans quelques jardins. *Viv.*

5. R. ACETOSA, *Rumex oseille*. Dec. Lin. *Oseille*, *Oseille commune*. (Aigrë-to, Ousë-lio). Fleurs un peu rouges ou blanchâtres. Mai, juin. Les prés; cultivée dans les jardins. *Viv.*

6. R. ACETOSELLA, *Rumex petite oseille*. Dec. Lin. Fleurs d'un vert rougissant. Juin, juillet. Pâturages secs, bord des champs sablonneux, au Puy, à Solignac, Mounets, Sainte-Sigolène, aux Pandraux, au mont Merey. *Viv.*

FAMILLE TRENTE-DEUXIÈME.

LES ATRIPLICÉES. (*Jussieu.*)

1. ATRIPLEX HORTENSIS, *Arroche des jardins*. Dec. Lin. *Arroche*, *Bonne-Dame*. Fleurs verdâtres. Juin. Dans les jardins à Sainte-Sigolène. *Ann.*

2. A. HASTATA, *Arroche en fer de lance.* Dec. Lin. Fleurs verdâtres. Août, septembre. Lieux incultes, au bord des chemins, entre le pont d'Estrouilhas et Saint-Marcel. *Ann.*

3. A. PATULA, *Arroche étalée.* Dec. Lin. Fleurs verdâtres. Juin, juillet, août. Mêmes lieux que la précédente. *Ann.*

4. A. ANGUSTIFOLIA, *Arroche à feuilles étroites.* Dec. Smith. Fl. brit. Fleurs verdâtres. Août. Mêmes lieux, entre le pont de Borne et Montgiraud. *Ann.*

1. SPINACIA SPINOSA, *Epinard cornu.* Dec. *Spinacia oleracea*, A. Lin. *Epinard.* (Lous Espinar.) Fleurs verdâtres. Mai, juin. Cultivé. *Ann.*

2. S. INERMIS, *Epinard sans cornes.* Dec. *Spinacia oleracea*, B. Lin. *Epinard de Hollande.* Fleurs verdâtres. Mai, juin. Cultivé. *Ann.*

1. BETA VULGARIS, *Bette commune.* Dec. Lin. *Bette*, *Poirée.* (Blë-do.) Fleurs verdâtres. Juin. Cultivée. *Bisan.* On en cultive aussi deux variétés: la Betterave à racine rouge (lo carro-to rou-dzo), et la Betterave à racine jaune (lo carro-to dzaou-no.)

1. CHENOPODIUM BONUS HENRICUS, *Ansérine bon henri.* Dec. Lin. *Bon henri*, *Epinard sauvage*, *Toute-bonne.* (Espinar bastar, Poin-to de rë-lio.) Fleurs verdâtres. De mai à août. Lieux incultes, le long des chemins, au Puy, à Vals, Bauzit, Ste.-Sigolène. *Ann.*

2. C. RUBRUM, *Ansérine rougeâtre.* Dec. Lin. Fleurs rougeâtres. Septembre, octobre. Le long des murs, au Puy, au moulin près de Charensac. *Ann.*

3. C. MURALE, *Ansérine des murs.* Dec. Lin. *Patte-d'oie.* Fleurs verdâtres. Juillet, août. Le long des murs ombragés et des chemins, au Puy, à Sainte-Sigolène. *Ann.*

4. C. ALBUM, *Ansérine à graine lisse.* Dec. Lin. Fleurs blanchâtres. Juillet, août. Les champs, lieux cultivés, au Puy. *Ann.*

5. C. VIRIDE. Lin. *Ansérine à feuille d'obier*, *Chenopodium opulifolium.* Dec. Fleurs blanchâtres. Juillet, août. Le long des chemins, au bord des champs, dans les jardins, au Puy, à Ours. *Ann.*

6. C. HYBRIDUM, *Ansérine bâtarde.* Dec. Lin. Fleurs verdâtres. Juillet, août, septembre. Les champs, jardins, à l'hôpital-général du Puy, à Bauzit. *Ann.*

7. C. VULVARIA, *Ansérine fétide.* Dec. Lin. *Arroche puante*, *vulvaire.* Fleurs blanchâtres. Eté. Les champs, le long des murs, les jardins, les vignes, au Puy, à Bauzit. *Ann.*

8. C. POLYSPERMUM, *Ansérine polysperme.* Dec. Lin. Fleurs verdâtres. Juillet, août, septembre. Les lieux cultivés, les vignes, au terroir de Chausson près du Puy. *Ann.*

1. POLYCNEMUM ARVENSE, *Polycnême des champs.* Dec. Lin.

Camphrée sauvage. Fleurs d'un blanc sale. De juillet à octobre. Les champs secs et sablonneux, à la plaine de Chadrac, à Bauzit, entre Taulhac et Coubon. *Ann.*

1. CERATOPHYLLUM DEMERSUM, *Cornifle nageant.* Dec. Lin. *Hydre cornue*, *Cornifle.* Fleurs verdâtres. Juin, juillet. Dans les fossés aquatiques, les mares, autour du Puy. *Viv.*

FAMILLE TRENTE-TROISIÈME.

LES AMARANTHÉES. (*Jussieu.*)

1. AMARANTHUS SYLVESTRIS, *Amaranthe sauvage.* Dec. Fleurs verdâtres. Août, septembre. Dans les lieux cultivés, les jardins, les décombres, autour du Puy. *Ann.*

FAMILLE TRENTE-QUATRIÈME.

LES EUPHORBIACÉES. (*Jussieu.*)

1. EUPHORBIA CHAMÆCYSE, *Euphorbe monnoyer.* Dec. Lin. Fleurs d'un pourpre obscur. Août, septembre. Lieux arides, à la croupe occidentale du mont Denise. *Ann.*

2. E. LATHYRIS, *Euphorbe épurge.* Dec. Lin. *Epurge*, *Catapuce.* (Quimouné.) Fleurs d'un jaune pâle. Juin, juillet. Lieux cultivés, sablonneux, au pied du rocher de Corneille au Puy, aspect du midi. *Bisan.*

3. E. PEPLUS, *Euphorbe peplus.* Dec. Lin. Fleurs d'un vert jaunâtre. De mai à août. Lieux cultivés, vignes, jardins, au rocher de Corneille. *Ann.*

4. E. HELIOSCOPIA, *Euphorbe réveil-matin.* Dec Lin. *Réveille-matin.* Fleurs jaunâtres. Été. Lieux cultivés, prés, jardins, au Puy. *Ann.*

5. E. EXIGUA, *Euphorbe fluet.* Dec. Lin. Fleurs d'un jaune pâle. De mai à l'automne. Les champs, le bord des chemins, à Ceyssac, entre Laval et le bois de Laroche. *Ann.*

6. E. ESULA, *Euphorbe ésule.* Dec. Lin. *Ésule.* Fleurs d'un jaune pâle. Juillet. Les lieux secs, le long des chemins, à Doue, Ceyssac, Sainte-Sigolène. *Viv.*

7. E. CYPARISSIAS, *Euphorbe cyprès.* Dec. Lin. Fleurs d'un jaune pâle. Avril, mai, juin. Lieux arides, bois, chemins, à Saint-Marcel, à la Chartreuse de Charensac, Figeon, Polignac, Saint-George-d'Aurat, la Bajasse, Lempde, aux bois de Taulhac et de Viaye. *Viv.*

8. E. SYLVATICA, *Euphorbe des bois.* Dec. Lin. Fleurs d'un jaune pâle. Mars, avril, mai. Dans les bois, celui de Laroche. *Viv.*

9. E. PURPURATA, *Euphorbe pourpré.* Dec. Thuil. Flor. paris. Fleurs d'un pourpre brun. Mai, juin. Dans les bois secs et couverts, celui de Laroche. *Viv.*

10. E. PLATYPHYLLOS, *Euphorbe à large feuille.* Dec. Lin. Fleurs jaunes. Mai, juin, juillet. Les champs, les chemins, à Pissevieille, Clary. *Ann.*

11. E. VERRUCOSA, *Euphorbe à verrues.* Dec. Lin. Fleurs jaunes. Avril, mai, juin. Bois, lieux un peu humides, bord des chemins, au moulin de l'hôtel-dieu du Puy, à Farnier, Barret près Flageat. *Viv.*

12. E. DULCIS, *Euphorbe doux.* Dec. Lin. Fleurs jaunes. Juillet. Les bois, à Doue, Ceyssac. *Viv.*

1. MERCURIALIS ANNUA, *Mercuriale annuelle.* Dec. Lin. *Mercuriale*, *Foirole*, *Foirande.* Fleurs verdâtres. L'été. Lieux cultivés, vignes, jardins, autour du Puy, à Ste.-Sigolène. *Ann.*

2. M. PERENNIS, *Mercuriale vivace.* Dec. Lin. *Mercuriale des bois*, *Chou-de-chien.* Fleurs verdâtres. Avril, mai. Les bois ombragés, à la Bernarde, à Doue, Laroche, entre Farges et Cussac. *Viv.*

1. BUXUS SEMPERVIRENS, *Buis toujours-vert.* Dec. Lin. *Buis*, *Bouis.* Fleurs jaunâtres. Mars, avril. Les bois, coteaux, entre Yssingeaux et Saint-Maurice de Lignon, entre Boucheyrolles et la Rouchouse près de Sainte-Sigolène. *Lign.*

CLASSE DIXIÈME.

DICOTYLÉDONES DIPÉRIANTHÉES MONOPÉTALÉES SUPEROVARIÉES.

FAMILLE TRENTE-CINQUIÈME.

LES JASMINÉES. (*Jussieu.*)

1. JASMINUM OFFICINALE, *Jasmin commun.* Dec. Lin. Fleurs blanches. L'été. Cultivé dans les jardins. *Lign.*

2. J. FRUTICANS, *Jasmin arbuste.* Dec. Lin. Fleurs jaunes. Mai, juin et en automne. Cultivé. *Lign.*

1. LIGUSTRUM VULGARE, *Troéne commun.* Dec. Lin. *Troéne.* Fleurs blanches. Juin, juillet. Les haies, bois, à Doue, au Monteil, à Ceyssac, Beaurepaire, Farges, Cussac, Veneyres, la Chabanne, Saint-Hostien, Lugnot près Saint-Georges-d'Aurat. *Lign.*

1. SYRINGA VULGARIS, *Lilas commun.* Dec. Lin. *Lilas.* Fleurs purpurines ou blanches. Avril, mai. Cultivé et comme spontané dans les haies et bosquets. *Lign.*

1. FRAXINUS EXCELSIOR, *Frêne élevé*. Dec. Lin. *Frêne*. (Fraï-ssë). Fleurs blanchâtres ou un peu brunes. Avril. Les bois, haies, autour du Puy, à Bauzit, Doue, Ste.-Sigolène. *Lign.*

FAMILLE TRENTE-SIXIÈME.

LES PLANTAGINÉES. (*Jussieu.*)

1. PLANTAGO MAJOR, *Plantain à grandes feuilles*. Dec. Lin. *Grand plantain*. Fleurs blanchâtres. Été. Les prés secs et le long des chemins, autour du Puy, à Sainte-Sigolène. *Viv.*

2. P. MEDIA, *Plantain moyen*. Dec. Lin. Fleurs blanches. L'été. Commun dans les prés et pâturages secs. *Viv.*

3. P. LANCEOLATA, *Plantain lancéolé*. Dec. Lin. (Her-bo de sé cos-to). Fleurs d'un blanc sale. Tout l'été. Prés secs et au bord des bois. *Viv.*

4. P. PSYLLIUM, *Plantain pucier*. Dec. Lin. *Herbe aux puces*. Fleurs blanchâtres. Les moissons. *Ann.*

FAMILLE TRENTE-SEPTIÈME.

LES APOCINÉES. (*Jussieu.*)

1. ASCLEPIAS VINCETOXICUM, *Asclépiade domptevenin*. Dec. Lin. *Dompte-venin*. Fleurs blanches. Juin, juillet. Les bois, coteaux pierreux, à Bauzit, Doue, Taulhac, la Bernarde, Cheyrac, Laroche, Farges, Cussac, Agizoux. *Viv.*

1. VINCA MINOR, *Pervenche couchée*. Dec. Lin. *Petite pervenche*. Fleurs bleues, quelquefois blanches ou d'un rouge obscur. Mars, avril. Les bois, les haies, au Séminaire du Puy, à la Chartreuse de Charensac, au bois de Laval, *Viv.*

2. V. MAJOR, *Pervenche à grande fleur*. Dec. Lin. Fleurs bleues. Avril, mai. Les bois, les haies, à Solignac. *Viv.*

FAMILLE TRENTE-HUITIÈME.

LES GENTIANÉES. (*Jussieu.*)

1. GENTIANA LUTEA, *Gentiane jaune*. Dec. Lin. *Grande gentiane*. Fleurs jaunes. Juillet. Pâturages des hautes montagnes, au mont Mégal, mont Hivernoux près Saint-Hostien, à la Sauvetat, au Mazel sous Pradelles, à Vazeilles près Saugues, aux Estables. *Viv.*

2. G. ASCLEPIADEA, *Gentiane asclépiade*. Dec. Lin. Fleurs d'un bleu clair. Les prés, à Sainte-Sigolène. *Viv.*

3. G. PNEUMONANTHE, *Gentiane pneumonanthe*. Dec. Lin. Fleurs d'un bleu foncé. Août, septembre. Les prés humides et marécageux, à la Planche et à Grazac. *Viv*.

4. G. CRUCIATA, *Gentiane croisette*. Dec. Lin. Fleurs bleues. Juillet, août. Bois, pâturages secs et montueux, au Collet, à Ceyssac, Agizoux, aux bois de la Bernarde, de Bauzit, Laroche, aux Estables, à Manibrand. *Viv*.

5. G. ACAULIS, *Gentiane à tige courte*. Dec. Lin. Fleurs d'un beau bleu, quelquefois blanches. Juillet, août, septembre. Pâturages élevés, à Bauzit, Trespeuix, Pontempeyras, aux Estables. *Viv*.

6. G. PUMILA, *Gentiane printanière*, D. Dec. Jacq. Fleurs d'un bleu foncé. Juillet, août. Pâturages des montagnes, à la Baume près d'Alleyras. *Viv*.

7. G. NIVALIS, *Gentiane perce-neige*. Dec. Lin. Fleurs bleues, quelquefois blanches. Été. Les hautes montagnes, à Bonnefont près de Seneujols. *Ann*.

8. G. CAMPESTRIS, *Gentiane des champs*. Dec. Lin. Fleurs d'un bleu pourpre, quelquefois blanches. Juin, juillet, août. Pâturages montueux, aux montagnes de Seneujols, à Chacornac, Pradelles, Saint-Front, Saint-Arcons-d'Allier, aux Estables. *Ann*.

1. MENYANTHES TRIFOLIATA, *Ményanthe trèfle-d'eau*. Dec. Lin. *Trèfle-d'eau*. Fleurs blanches, un peu rougeâtres. Avril, mai. Lieux aquatiques, étangs, à Solignac, Costaros, Chacornac, Fix, Saint-Hostien, Sainte-Sigolène, Tence, la Gaillarde près Saint-Jeure. *Viv*.

1. CHIRONIA CENTAURIUM, *Chironie centaurée*. Dec. Smith. *Gentiana centaurium*. Lin. Fleurs roses, quelquefois blanches. Juin, juillet, août. Les bois, pâturages secs et pierreux, aux bois d'Ours, Bauzit et des Rioux, à Saint-Quentin, Manibrand, Monistrol-sur-Loire, Langeac. *Ann*.

2. C. PULCHELLA, *Chironie élégante*. Dec. Smith. *Petite Centaurée*. Fleurs roses, très-rarement blanches. Juillet, août. Les bords des bois, à Bauzit. *Ann*.

FAMILLE TRENTE-NEUVIÈME.

LES PRIMULACÉES. (*Jussieu*.)

1. PRIMULA VERIS, *Primevère officinale*. Dec. Willd. *Primula veris officinalis*. Lin. *Coucou*. (Los bra-ïo dë couguiou.) Fleurs jaunes, marquées de cinq taches orangées. Au printemps. Commune dans les prés, à Vals, Bauzit, Ceyssac, Ste.-Sigolène. *Viv*.

2. P. ELATIOR, *Primevère élevée*. Dec. Willd. *Primevère, Primerolle*. *Primula veris elatior*. Lin. Fleurs d'un jaune clair. Mars, avril. Les prés, les bois, à Solignac. *Viv*.

1. LYSIMACHIA VULGARIS, *Lysimaque commune.* Dec. Lin. *Corneille, Chasse-bosse.* Fleurs jaunes. Juillet, août. Prés humides, bord des rivières, à Saint-Marcel, Vals, Manibrand, Sainte-Sigolène, Vazeilles, Limandre, Langeac, Saint-Arcons-d'Allier. *Viv.*

2. L. NEMORUM, *Lysimaque des bois.* Dec. Lin. Fleurs jaunes. Mai, juin. Bois, pâturages humides et montueux, au Villard, au Mezenc, aux bois de Saint-Front et de Vaux. *Viv.*

3. L. NUMMULARIA, *Lysimaque nummulaire.* Dec. Lin. *Nummulaire, herbe aux écus.* Fleurs jaunes. Été. Prés et bois humides, à Marminiac, à Manibrand, au Pont-Salomon. *Viv.*

1. ANAGALLIS PHÆNICEA, *Mouron rouge.* Dec. *Anagallis arvensis,* B. Lin. Fleurs rouges, quelquefois blanches. Été. Les champs, lieux cultivés, au Puy, à Bauzit, Ste.-Sigolène, entre St.-Ferréol et Aurec. *Ann.*

2. A. CÆRULEA, *Mouron bleu.* Dec. *Anagallis arvensis,* A. Lin. Fleurs bleues, quelquefois blanches, jamais rouges. Été. Lieux cultivés, les champs, entre Espaly et Ceyssac, à Ste.-Sigolène. *Ann.*

3. A. TENELLA, *Mouron délicat.* Dec. Lin. Fleurs d'un rose pâle marqué de lignes plus colorées. De mai à juillet. Les lieux humides, à Bauzit. *Viv.*

1. CENTUNCULUS MINIMUS, *Centenille naine.* Dec. Lin. Fleurs d'un blanc verdâtre. Juin, juillet, août. Lieux sablonneux et humides, dans les bois. *Ann.*

FAMILLE QUARANTIÈME.

LES POLÉMONIACÉES. (*Loiseleur* et *Marquis.*)

1. POLEMONIUM CÆRULEUM, *Polémoine bleu.* Dec. Lin. *Valériane grecque.* Fleurs d'un bleu-clair. Juin, juillet. Au bord des ruisseaux, au Villard, entre l'Aubepin et la Grangette près de St.-Front, à Troisson près de Bessamorel. *Viv.* On cultive dans nos jardins la variété à fleurs blanches.

FAMILLE QUARANTE-UNIÈME.

LES CONVOLVULACÉES. (*Jussieu.*)

1. CONVOLVULUS ARVENSIS, *Liseron des champs.* Dec. Lin. (Courria-sso.) Fleurs blanches, souvent variées de bandes roses. Été. Commun dans les champs, les vignes, les jardins. *Viv.*

2. C. SEPIUM, *Liseron des haies.* Dec. Lin. *Grand liseron.* Fleurs blanches. Juillet, août. Les haies, au Puy, à Chanteuges, Sainte-Sigolène. *Viv.*

1. CUSCUTA EUROPÆA, *Cuscute à grande fleur*. Dec. Lin. *Cheveux de Vénus*. (Tritoui-rë.) Fleurs blanches, un peu teintes de rose. Juillet, août. Commune sur les genêts, les orties, au Puy, à Bauzit, Saint-Arcons-d'Allier, Sainte-Sigolène. *Ann.*

FAMILLE QUARANTE-DEUXIÈME.

LES SOLANÉES. (*Jussieu.*)

1. SOLA[illegible]LCAMARA, *Morelle douce-amère* Dec. Lin. *Douce-amè[illegible]ne de Judée*. Fleurs bleues ou violettes, quelquefois bla[illegible] De mai à août. Les bois, les haies, lieux ombragés et humides, au Puy, à Polignac, Langeac, Sainte-Sigolène. *Lign.*

2. S. TUBEROSUM, *Morelle tubéreuse*. Dec. Lin. *Pomme de terre*. (Trifo-lo.) Fleurs blanches ou violettes, quelquefois pourpres. Juin, juillet. Très-généralement cultivée. *Viv.*

3. S. NIGRUM, *Morelle noire*. Dec. Lin. *Morelle*. Fleurs blanches. Juillet, août, septembre. Le long des murs, les lieux cultivés, au chemin du Puy à Vals, du Puy à Polignac, à Sainte-Sigolène. *Ann.*

1. ATROPA BELLADONA, *Atropa belladone*. Dec. Lin. *Belladone*. Fleurs d'un rouge terne. Juin, juillet. Au bord des bois, des fossés, dans le bois de Marhus près Saint-Jean-d'Aubrigoux. *Viv.*

1. PHYSALIS ALKEKENGI, *Coqueret alkekenge*. Dec. Lin. (Celcï-ro de vi-gnio). Fleurs blanches. Mai, juin. Les lieux cultivés, les vignes, au Puy, à Bauzit, à Monistrol-sur-Loire. *Viv.*

1. LYCIUM BARBARUM, *Lyciet de Barbarie*. Dec. Lin. *Jasminoïde*. Fleurs d'un rouge violet. Juin, juillet. Cultivé pour couvrir les palissades, les tonnelles, au Puy. *Lign.*

1. DATURA STRAMONIUM, *Datura stramoine*. Dec. Lin. *Pomme épineuse*. Fleurs blanches ou violettes. Juillet. Au bord des chemins et dans les lieux cultivés, au moulin de l'Hôpital-général du Puy, à Bauzit. *Ann.*

1. HYOSCIAMUS NIGER, *Jusquiame noire*. Dec. Lin. (Los escudelë-tos). Fleurs d'un jaune sale et pourpres-noirâtres. Mai, juin, juillet. Au bord des champs, le long des chemins, à Bauzit, Lantriac, Sainte-Sigolène. *Ann.*

1. VERBASCUM THAPSUS, *Molène bouillon-blanc*. Dec. Lin. *Bouillon blanc*. (Quoïnno de lou, Fatras blan). Fleurs jaunes. Été. Lieux incultes, bord des chemins, à Bauzit, au bord de la Dunière, entre Yssingeaux et Tence, à Saint-Roch près Langeac. *Bisan.*

2. V. THAPSOIDES, *Molène faux-bouillon-blanc.* Dec. Lin. Fleurs jaunes. De juillet à octobre. Les coteaux, lieux pierreux, à Charensac, Cussac. *Bisan.*

3. V. PHLOMOIDES, *Molène phlomide.* Dec. Lin. Fleurs jaunes ou blanches. Juillet. Lieux secs, bord des champs, à Bauzit, Sainte-Sigolène, bord de la Dunières. *Bisan.*

4. V. NIGRUM, *Molène noire.* Dec. Lin. *Bouillon noir.* Fleurs jaunes, à étamines purpurines. Juillet. Lieux stériles, le long des chemins, au Puy, à Ceyssac, au Monastier, au[illegible]ables. *Bisan.*

5. V. ALOPECURUS. Thuil. Flor. par. *Molè[illegible]ue de renard.* Dec. Fleurs jaunes, à étamines purpurines. J[illegible] août. Lieux secs et arides, à Bauzit, la Crebade, Pontemp[illegible]s. *Viv.*

6. V. LYCHNITIS, *Molène lychnis.* Dec. Lin. Fleurs blanches ou jaunes. Juillet, août, septembre. Lieux secs et montueux, à l'Arbousset, au col de la Paille, à Bauzit, Solignac, entre Yssingeaux et Tence. *Viv.*

7. V. PULVERULENTUM, *Molène poudreuse.* Dec. Vill. Dauph. Fleurs jaunes. Juin, juillet. Lieux secs, près d'Orzilhac, entre Brives et Audinet. *Bisan.*

8. V. BLATTARIA, *Molène blattaire.* Dec. Lin. *Herbe aux mites.* Fleurs jaunes ou blanches, à étamines purpurines. Juillet. Le long des chemins, au bord des bois, au chemin du Puy au Monastier, près d'Orzilhac. *Bisan.*

FAMILLE QUARANTE-TROISIÈME.

LES BORRAGINÉES. (*Jussieu.*)

1. BORRAGO OFFICINALIS, *Bourrache officinale.* Dec. Lin. Fleurs bleues, quelquefois blanches ou roses. Été. Les lieux cultivés, les jardins. *Ann.*

1. ANCHUSA ITALICA. Willd. *Buglose d'Italie.* Dec. *Buglose.* Fleurs bleues, quelquefois blanches. Juin, juillet. Au bord des champs, le long des chemins, à Bauzit. *Viv.*

1. LYCOPSIS ARVENSIS, *Lycopside des champs.* Dec. Lin. *Petite buglose, grippe des champs.* Fleurs bleues, quelquefois blanches. D'avril à juin. Parmi les moissons, au Séminaire du Puy, à Audinet, à Cussac. *Ann.*

1. MYOSOTIS ANNUA, *Myosote annuelle.* Dec. Mœnch. *Myosotis scorpioides*, A. Lin. Fleurs bleues, à gorge jaune. De mars à juin. Les champs, les bois, au Puy, à Bauzit, Souchiol, Sainte-Sigolène. *Ann.*

2. M. PERENNIS, *Myosote vivace.* Dec. Mœnch. *Myosotis scorpioides*, B. Lin. Fleurs bleues ou blanchâtres, à gorge

jaune. De mai à août. Les prés humides, le bord des eaux, au Puy, à Bauzit, Ceyssac. *Viv.*

3. M. LAPPULA, *Myosote à fruits de bardane.* Dec. Lin. Fleurs bleues, quelquefois blanches. Été. Les lieux secs, les vignes de Vals, au rocher de Saint-Blaise. *Ann.*

1. SYMPHYTUM OFFICINALE, *Consoude officinale.* Dec. Lin. *Grande consoude.* Fleurs blanches ou d'un jaune pâle, quelquefois pourpres. Mai, juin. Prés humides, bord des biez des moulins sur la Borne et le Dolaison au Puy, à Sainte-Sigolène. *Viv.*

1. ASPERUGO PROCUMBENS, *Rapette couchée.* Dec. Lin. *Rapette.* Fleurs bleues, quelquefois blanches. Été. Au bord des champs, des chemins, à Bauzit, St.-Arcons-d'Allier. *Ann.*

1. CYNOGLOSSUM OFFICINALE, *Cynoglosse officinale.* Dec. Lin. *Cynoglosse, langue de chien.* (Lein-go de tsi). Fleurs d'un rouge pourpre, quelquefois blanches. Mai, juin. Lieux incultes et pierreux, au bord des bois, des chemins, à Bauzit, Doue, Ceyssac, Saint-Hostien, Sainte-Sigolène. *Bisan.*

1. HELIOTROPIUM EUROPÆUM, *Héliotrope européen.* Dec. Lin. *Herbe aux verrues, tournesol.* Fleurs blanches. Été. Terrains secs, jardins, bord des chemins, à Aiguilhe, Saint-Marcel, Chanteuges. *Ann.*

1. ECHIUM VULGARE, *Vipérine commune.* Dec. Lin. *Herbe aux vipères, vipérine.* Fleurs bleues, roses ou blanches. De juin à août. Lieux secs, bord des chemins, sur les vieux murs, au Puy, à Bauzit, Eyceuac, Dolaison, Langeac, Sainte-Sigolène. *Viv.*

1. LITHOSPERMUM OFFICINALE, *Gremil officinal.* Dec. Lin. *Gremil, herbe aux perles.* Fleurs d'un blanc verdâtre. Mai, juin. Les haies, au bord des chemins, des bois, sous le Séminaire du Puy, à Bauzit, Langeac, Dunières. *Viv.*

2. L. ARVENSE, *Gremil des champs.* Dec. Lin. *Petit gremil.* Fleurs blanches. Avril, mai, juin. Les champs, au Puy, à Bauzit, Cussac. *Ann.*

1. PULMONARIA ANGUSTIFOLIA, *Pulmonaire à feuille étroite.* Dec. Lin. Fleurs rouges et bleues, quelquefois blanches. Mars, avril. Bois montagneux, ceux de Laroche, de Doue, de la Bernarde, Ceyssac, la Baume, à Farges et à Raffy. *Viv.*

2. P. OFFICINALIS, *Pulmonaire officinale.* Dec. Lin. *Pulmonaire.* (Her-bo de lo coura-do). Fleurs d'un pourpre bleu. Avril, mai. Les bois, les prés, à Espaly, Laval, Doue, Poinsac, Sainte-Sigolène. *Viv.*

FAMILLE QUARANTE-QUATRIÈME.

LES ÉRICINÉES. (*Jussieu.*)

1. Erica vulgaris. Lin. *Bruyère commune. Callune bruyère, Calluna erica.* Dec. Fleurs purpurines, quelquefois blanches. Juillet, août. Bois secs, montueux, à Doue, Solignac, Bonnefont, Sézalières, la Chapelle-Geneste, aux Martres près Langeac, dans les bois de la Baume, d'Agizoux, de Mounets, de Saint-Maurice-de-Lignon. *Lign.*

1. Arbutus alpina, *Arbousier des Alpes.* Dec. Lin. (Petarè-lo). Fleurs blanchâtres, à bords un peu rouges. Les lieux humides des hautes montagnes, au mont Mezenc. *Lign.*

2. A. uva-ursi, *Arbousier busserole.* Dec. Lin. *Busserole, raisin d'ours, arbousier traînant.* Fleurs blanches, légèrement purpurines. Juin, juillet. Dans les hautes montagnes, au mont Mezenc. *Lign.*

1. Pyrola rotundifolia, *Pyrole à feuilles rondes.* Dec. Lin. *Pyrole.* Fleurs blanches. Juin, juillet. Dans les bois, ceux de Chacornac, du Monastier, des Verdoyers. *Viv.*

2. P. minor, *Pyrole à style court.* Dec. Lin. Fleurs blanches, un peu rouges en dehors. Juin, juillet. Dans les bois, ceux de Doue, du Monastier, Saint-Front, Saint-Hostien, au Mezenc. *Viv.*

3. P. secunda, *Pyrole unilatérale.* Dec. Lin. Fleurs blanches. Juin, juillet. Dans les bois, ceux du Villard, de Chacornac, à Bonneville. *Viv.*

4. P. uniflora, *Pyrole à une fleur.* Dec. Lin. Fleurs blanches. Juin. Dans les bois, ceux de Bauzit, Taulhac et de Chacornac. *Viv.*

FAMILLE QUARANTE-CINQUIÈME.

LES GLOBULARIÉES. (*Loiseleur* et *Marquis.*)

1. Globularia vulgaris, *Globulaire commune.* Dec. Lin. *Globulaire.* Fleurs bleues. Mai. Lieux arides, pâturages secs, au bois d'Arcis près de Chazeaux, au sud-ouest de Bellecombe. *Viv.*

FAMILLE QUARANTE-SIXIÈME.

LES VERBÉNACÉES. (*Loiseleur* et *Marquis.*)

1. Verbena officinalis, *Verveine officinale.* Dec. Lin. *Verveine.* (Vorvë-no). Fleurs d'un blanc violet. Juin, juillet. Le long des chemins et des haies, à Cussac, Ceyssac, Montgiraud, Langeac, Craponne, Sainte-Sigolène. *Ann.*

FAMILLE QUARANTE-SEPTIÈME.

LES SCROPHULARIÉES. (*Mérat.*)

1. SCROPHULARIA NODOSA, *Scrophulaire noueuse.* Dec. Lin. *Grande scrophulaire.* Fleurs d'un pourpre noirâtre. Juin, juillet. Lieux couverts, les bois, les haies, dans les prés au-dessous du pont de Borne au Puy, à Saint-Jean-Lachalm. *Viv.*

2. S. AQUATICA, *Scrophulaire aquatique.* Dec. Lin. *Bétoine d'eau, herbe du siége.* Fleurs d'un pourpre noirâtre. Juin, juillet. Bord des rivières, des ruisseaux, de la Borne au Puy, sous le château de Poinsac, à Vazeilles près de Saugues, à Langeac, Sainte-Sigolène. *Bisan.*

3. S. VERNALIS, *Scrophulaire printanière.* Dec. Lin. Fleurs d'un jaune clair. Mai, juin. Les lieux ombragés, petite cour du Collége du Puy, à l'aspect du levant. *Bisan.*

4. S. CANINA, *Scrophulaire canine.* Dec. Lin. Fleurs d'un pourpre brun, à sommets blanchâtres. Mai, juin. Les terrains secs et graveleux, près de Chadrac, à SaintArcons-d'Allier près de Langeac. *Viv.*

1. DIGITALIS PURPUREA, *Digitale pourpre.* Dec. Lin. *Digitale pourprée, gants de Notre-Dame.* Fleurs pourpres, avec des taches blanches dans l'intérieur. Juin. Terrains pierreux, granitiques ou trachytiques, à Blavozy, Saint-Quentin, Durianne, Chassaure, Viaye, Fix, Tence, Sainte-Sigolène, Monistrol-sur-Loire, aux Pandraux, au Villard, à Lavoûte, au bord de la Loire sous Solignac. *Bisan.*

2. D. GRANDIFLORA, *Digitale à grande fleur.* Dec. *Digitalis ambigua.* Murr. Fleurs d'un jaune pâle, veinées ou tachées de couleur de safran intérieurement. Juillet. Les bois montueux, à Bauzit, Dolaison, Bonneville. *Viv.*

3. D. PARVIFLORA, *Digitale à petite fleur.* Dec. *Digitalis lutea.* Lin. Fleurs d'un jaune pâle, nullement tachées dans leur intérieur. Juin, juillet. Les lieux pierreux et montueux, les bois, à l'Arbousset, Saint-Blaize, Laval, St.-Arcons-d'Allier, dans les bois de Taulhac, de Farges, la Baume, Ceyssac et Saint-Vidal. *Viv.*

1. VERONICA BECCABUNGA, *Véronique beccabunga.* Dec. Lin. *Becabunga.* Fleurs bleues. Juillet, août. Dans les fontaines, les ruisseaux, au Puy, à St.-Arcons-d'Allier, Ste.Sigolène. *Viv.*

2. V. ANAGALLIS, *Véronique mouron.* Dec. Lin. Fleurs d'un violet clair. Mai, juin, juillet. Les eaux qui ont peu de mouvement, au bord de la Borne, près du Puy et des Estreix. *Viv.*

3. V. SCUTELLATA, *Véronique à écusson.* Dec. Lin. Fleurs d'un bleu incarnat. Juin. Dans les marais, au lac de Saint-Front. *Viv.*

4. V. MONTANA, *Véronique de montagne*. Dec. Lin. Fleurs bleues. Juillet, août. Bois ombragés aux montagnes de Seneujols. *Viv*.

5. V. TEUCRIUM, *Véronique teucriette*. Dec. Lin. Fleurs bleues. Mai. Les coteaux, le bord des bois, au rocher de Corneille au Puy, à Bauzit. *Viv*.

6. V. PROSTRATA, *Véronique couchée*. Dec. Lin. Fleurs d'un bleu violet. Mai, juin, juillet. Les collines sèches. les bois, à Roche-Arnaud, l'Arbousset, Masigone, Sainte-Sigolène, aux bois de Taulhac, de Bauzit, de Viaye *Viv*.

7. V. CHAMÆDRYS, *Véronique petit-chêne*. Dec. Lin. Fleurs d'un bleu pâle. Avril, mai, juin. Les bois, les buissons, à Saint-Marcel, aux Brus, à Ceyssac, Bauzit, Chacornac, au lac du Bouchet. *Viv*.

8. V. LATIFOLIA. Lin. Fleurs d'un blanc violet. Juin, juillet. Au-dessous de Saint-Marcel. *Viv*.

9. V. OFFICINALIS, *Véronique officinale*. Dec. Lin. *Véronique mâle, thé d'Europe*. Fleurs d'un bleu pâle, rayées de pourpre. Mai, juin. Les bois, prés secs, à Roche-Arnaud, Chauras, Saint-Hostien, Sainte-Sigolène, Pradelles, au Mezenc, dans les bois de Bauzit, de Solignac, du Pertuis. *Viv*.

10. V. SPICATA, *Véronique à épi*. Dec. Lin. Fleurs bleues. Juin, juillet. Les lieux stériles, à Bauzit, au Villard, au lac de Saint-Front, à Sainte-Sigolène. *Viv*.

11. V. SERPYLLIFOLIA, *Véronique serpolet*. Dec. Lin. Fleurs blanches, marquées de lignes bleues. Avril, mai, juin. Au bord des fossés et des bois, au bord de la Borne au Puy, à Bauzit, au lac du Bouchet, au bois de Jalor. *Viv*.

12. V. ARVENSIS, *Véronique des champs*. Dec. Lin. Fleurs d'un bleu pâle. Avril, mai. Dans les champs, les jardins, au Puy, à Sainte-Sigolène. *Ann*.

13. V. VERNA, *Véronique printanière*. Dec. Lin. Fleurs d'un bleu pâle. Avril, mai, juin. Les lieux sablonneux, à Solignac, entre le Villard et Lantriac. *Ann*.

14. V. TRIPHYLLOS, *Véronique à trois lobes*. Dec. Lin. Fleurs d'un bleu pâle, ou purpurines. Avril. Les champs, les jardins, à Espaly, Saint-Marcel, Bauzit. *Ann*.

15. V. ACINIFOLIA, *Véronique à feuilles de thym*. Dec. Lin. Fleurs bleues. Mai, juin. Les champs, prés et pâturages, à Montbonnet, au mont Merey. *Ann*.

16. V. AGRESTIS, *Véronique rustique*. Dec. Lin. Fleurs bleues, veinées. Février, mars, avril. Champs et lieux cultivés, à Espaly, l'Arbousset, Saint-Marcel, Bauzit. *Ann*.

17. V. HEDERÆFOLIA, *Véroniqne à feuilles de lierre*. Dec. Lin. (lou tsafouoï). Fleurs d'un bleu pâle. Avril. Les lieux cultivés, les jardins d'Aiguilhe, les vignes du Puy, les prés à Solignac. *Ann*.

FAMILLE QUARANTE-HUITIÈME.

LES UTRICULARIÉES. (*Jussieu.*)

1. PINGUICULA VULGARIS, *Grassète vulgaire.* Dec. Lin. *Grassette, herbe grasse.* Fleurs d'un bleu violet. Juin, juillet. Dans les pâturages humides, au Mezenc, au Mégal, à Bonneville, à Saint-Front. *Ann.*

*

FAMILLE QUARANTE-NEUVIÈME.

LES OROBANCHÉES. (*Jussieu.*)

1. OROBANCHE MAJOR, *Orobanche majeure.* Dec. Lin. *Orobanche.* Fleurs d'un jaune roux. Juin, juillet. Lieux incultes, bois secs, au rocher de Corneille au Puy, à Roche-Arnaud, aux Rioux, à Solignac, Ceyssac, St.-Hostien, Ste.-Sigolène. *Viv.*

2. O. CARYOPHYLLACEA. Smith. *Orobanche vulgaire, Orobanche vulgaris.* Dec. Fleurs d'un violet purpurin. Juin, juillet. Les prés secs et sablonneux, à Bauzit. *Viv.*

3. O. ELATIOR, *Orobanche élancée.* Dec. Smith. Fleurs purpurines. Juin, juillet. Dans les bois, à Ceyssac. *Viv.*

4. O. CÆRULEA, *Orobanche bleuâtre.* Dec. Vill. Dauph. *Orobanche lævis.* Lin. Fleurs d'un bleu violet ou d'un roux bleuâtre. Juin, juillet. Les bois, pâturages, au bord des champs, au bois du Séminaire du Puy, à Roche-Arnaud, à Ceyssac. *Viv.*

---

1. MONOTROPA HYPOPITHYS, *Monotrope sucepin.* Dec. Lin. *Suce-pin.* Fleurs d'un jaunâtre pâle. Juillet, août. Dans les bois, au pied des pins, sapins, hêtres, chênes, au Villard, à Bonneville, à la Baume. *Viv.*

FAMILLE CINQUANTIÈME.

LES PÉDICULARIÉES. (*Mérat.*)

1. PEDICULARIS PALUSTRIS, *Pédiculaire des marais.* Dec. Lin. *Pédiculaire, herbe aux poux.* Fleurs pourpres, quelquefois blanches. Mai, juin, juillet. Les prés marécageux, à Espaly, Bauzit, Montbonnet, la Sauvetat, Pradelles, la Chaise-Dieu, Saint-Pierre-Duchamp, aux Estables, à Tence, à Sainte-Sigolène. *Ann.*

2. P. SYLVATICA, *Pédiculaire des bois.* Dec. Lin. Fleurs d'un rouge pâle, quelquefois blanches. Avril, mai, juin. Les prés, les bois humides, à Bauzit, à la Planche près Grazac, à Fay-le-Froid, entre le Mezenc et Saint-Front. *Ann.*

3. P. INCARNATA, *Pédiculaire incarnate.* Dec. Fleurs d'un pourpre clair, quelquefois blanches. Juin. Lieux humides des hautes montagnes, à St.-Hostien dans les bois du Prieuré *Viv.*

4. P. GIROFLEXA, *Pediculaire arquée.* Dec. Vill. Dauph. Fleurs pourpres. Juin. Pâturages ombragés des hautes montagnes, au bois de Jalor. *Viv.*

5. P. COMOSA, *Pédiculaire à toupet.* Dec. Lin. Fleurs jaunes-pâles. Juin. Pâturages des hautes montagnes, au bois de Jalor, au mont Mercy près de Chacornac. *Viv.*

1. ANTIRRHINUM MAJUS, *Muflier à grande fleur.* Dec. Lin. *Mufle de veau, gueule de lion.* Fleurs pourpres, avec un palais jaune. Mai, juin. Sur les rochers, les vieux murs, ceux de la terrasse de l'hôtel du duc de Polignac au Puy. *Bisan.*

2. A. ASARINA, *Muflier faux-asaret.* Dec. Lin. Fleurs d'un jaune très-pâle, marquées à la gorge de points pourpres, à style pourpre. Mai, juin. Parmi les rochers, ceux bordant la Loire sous Solignac. *Viv.*

1. LINARIA SPURIA, *Linaire bâtarde.* Dec. *Velvote. Antirrhinum spurium.* Lin. Fleurs jaunes, à lèvre supérieure d'un pourpre noirâtre. Juin, juillet, août. Dans les champs, à Eycenac, Cussac. *Ann.*

2. L. VULGARIS, *Linaire commune.* Dec. *Linaire. Antirrhinum Linaria.* Lin. Fleurs jaunes, à palais safrané, velu. L'été. Les lieux pierreux, les vignes, autour du Puy, à Ours, sous Doue, à Sainte-Sigolène. *Viv.*

3. L. ARVENSIS, *Linaire des champs.* Dec. *Antirrhinum arvense.* Lin. Fleurs bleues ou violettes. Été. Les champs, les bois, à Solignac. *Ann.*

4. L. REPENS, *Linaire rayée.* Dec. *Antirrhinum repens.* Lin. Fleurs blanchâtres, veinées de bleu ou violet, à palais jaune et velu. De juin à septembre. Lieux arides, champs secs, bois, à Figeon, Bauzit, au bois du Séminaire du Puy, dans ceux de Ceyssac, Talobre, Solignac, Jalor, aux Brus, à Blavozy, au Villard. *Viv.*

5. L. MONSPESSULANA. Mérat, Fl. par. *Antirrhinum monspessulanum.* Lin. Fleurs blanchâtres, à gorge jaune. Juillet, août. Bord des chemins, des champs, au pont de Villeneuve, à Ceyssac. *Viv.*

6. L. MINOR, *Linaire naine.* Dec. *Antirrhinum minus.* Lin. Fleurs violettes, à lèvre inférieure blanchâtre. Juin, juillet. Lieux sablonneux, champs, décombres, au bord de la Borne au Puy, à Bauhas, Bauzit, St.-Blaise, au Mas sous Saussac. *Ann.*

7. L. BELLIDIS FOLIO. Bauh. *Anarrhine pâquerette, Anarrhinum bellidifolium.* Dec. *Antirrhinum bellidifolium.* Lin. Fleurs bleues ou pourpres, à lèvre inférieure blanche. Juin, juillet.

Lieux secs, arides, les bois, à Colandre, au rocher St.-Blaise, les bois de Solignac, des Pandraux, de Viaye. *Bisan.*

1. RHINANTHUS GLABRA, *Rhinanthe glabre.* Dec. *Crête de coq, cocriste. Rhinanthus crista galli.* Lin. (Tartaneï-ro). Fleurs jaunes, tachées de violet au haut de la lèvre supérieure. Mai, juin. Les prés, au Puy, à Bauzit, Mounets, Ste.-Sigolène *Ann.*

2. R. HIRSUTA, *Rhinanthe velue.* Dec. Fleurs jaunes, tachées de violet au sommet de la lèvre supérieure. Mai, juin. Les prés humides, au Puy, à Pissevieille, entre le Mezenc et Saint-Front, entre la Chaise-Dieu et Bonneval. *Ann.*

1. MELAMPYRUM CRISTATUM, *Mélampyre à crêtes.* Dec. Lin. Fleurs pourpres, mélangées de blanc et de jaune, quelquefois entièrement blanches. Juin, juillet. Les bois, ceux de Doue, de Laroche, de Solignac. *Ann.*

2. M. ARVENSE, *Mélampyre des champs.* Dec. Lin. *Blé de vache., rougeole.* Fleurs pourpres, tachées de jaune. Juillet, août. Parmi les moissons, les champs autour d'Yssingeaux. *Ann.*

3. M. NEMOROSUM, *Mélampyre des forêts.* Dec. Lin. Fleurs jaunes, à bractées violettes. Juin, juillet. Les bois montagneux, à Doue. *Ann.*

4. M. PRATENSE, *Mélampyre des prés.* Dec. Lin. Fleurs jaunes ou blanchâtres. Juin, juillet, août. Les prés ombragés, les bois, au bord de la Loire sous Solignac, à Pontempeyras, Saint-Hostien, la Borie près Saint-Jeure, aux Martres près Langeac. *Ann.*

5. M. SYLVATICUM, *Mélampyre des bois.* Dec. Lin. Fleurs jaunes. Juin, juillet. Les bois, prés montagneux, à la montagne de Miaune près Roche-en-Régnier, aux bois de Doue, du Villard, de Saint-Hostien, de Jalor. *Ann.*

1. EUPHRASIA OFFICINALIS, *Euphraise officinale.* Dec. Lin. *Eufraise.* Fleurs blanches, variées de jaune et de violet. Août, septembre. Lieux secs, pelouses des bois. au rocher de Saint-Blaise, à Saint-Hostien, Fix, à Pontempeyras, aux Estables, à Tence, Sainte-Sigolène. *Ann.*

2. E. ALPINA, *Euphraise des Alpes.* Dec. Fleurs blanches ou d'un pourpre bleuâtre. Août, septembre. Les pâturages, les bois, ceux de Ceyssac et de Doue. *Ann.*

3. E. ODONTITES, *Euphraise dentée.* Dec. Lin. Fleurs pourpres, quelquefois blanches. Juillet, août. Prés un peu humides, au moulin de l'Arbousset, à Solignac, la cascade de Laroche, à la Planche près Grazac. *Ann.*

FAMILLE CINQUANTE-UNIÈME.

LES LABIÉES. (*Jussieu.*)

1. SALVIA PRATENSIS, *Sauge des prés.* Dec. Lin. Fleurs bleues, quelquefois roses. Avril, mai. Les prés, le bord des champs, au Puy, à Sainte-Sigolène. *Viv.*

2. S. SCLAREA, *Sauge sclarée.* Dec. Lin. *Orvale, sclarée, toute bonne.* Fleurs d'un bleu clair, comme cendrées, d'une odeur forte. Juillet, août. Au bord des vignes, au vignoble de Chausson. *Viv.*

3. S. OFFICINALIS, *Sauge officinale.* Dec. Lin. (Saou-vio). Fleurs d'un bleu pourpre. Juin, juillet. Cultivée. *Viv.*

1. LYCOPUS EUROPÆUS, *Lycope européen.* Dec. Lin. *Marrube aquatique, pied de loup.* Fleurs blanches, marquées de petits points rougeâtres. Juillet, août. Au bord des rivières, de la Loire, la Borne, du Dolaison, à Audinct, Fifaliou près de Rosières. *Viv.*

1. AJUGA PYRAMIDALIS, *Bugle pyramidale.* Dec. Lin. Fleurs bleues, quelquefois pourpres ou blanches. Avril, mai, juin. Les prés, les bois, à Laval, Ours, Solignac, au bois de Doue, à Chassagnon près de Mazeyrat-Chrispinhac, la Vernède près de Saint-Didier-sur-Doulon. *Bisan.*

2. A. GENEVENSIS, *Bugle de Genève.* Dec. Lin. Fleurs comme dans la précédente. Avril, mai, juin. Au bord des champs, dans les bois, à Bauzit, Veneyres, St.-Quentin. *Bisan.*

3. A. REPTANS, *Bugle rampante.* Dec. Lin. *Bugle.* Fleurs bleues, rouges ou blanches. Juin, juillet, août. Les prés, pâturages, bois, à Bauzit, Ceyssac, Chacornac, Ste.-Sigolène. *Viv.*

4. A. CHAMÆPITHYS, *Bugle faux-pin, ivette.* Dec. *Teucrium chamæpithys.* Lin. Fleurs jaunes, marquées de plusieurs points d'un pourpre brun. Mai, juin, juillet. Champs sablonneux et pierreux, à Charentus. *Ann.*

1. TEUCRIUM CHAMÆDRYS, *Germandrée petit chêne.* Dec. Lin. *Petit chêne.* Fleurs rouges, quelquefois blanches. Juillet, août. Les bois montueux, les coteaux secs, à Doue, Ceyssac, Espaly, Saint-Roch près Langeac. *Viv.*

2. T. BOTRYS, *Germandrée botryde.* Dec. Lin. *Botrys, germandrée femelle.* Fleurs pourpres. Juin, juillet, août. Les lieux arides et pierreux, les bois, à Doue, Cussac, Ceyssac, la Bernarde, Colandre, Chanteuges, dans les bois de Bauzit, de Talobre, de Peyredeyre. *Ann.*

3. T. SCORODONIA, *Germandrée sauge des bois.* Dec. Lin. *Sauge des bois, germandrée sauvage.* Fleurs d'un blanc jau-

nâtre, étamines pourpres. Juillet, août. Dans les bois, les lieux montagneux et incultes, aux bois de Doue, de Peyredeyre, de Farges, de Laroche et de la Baume, à Ceyssac, Payrard, Sezalières, Croisance, Tence, Chanteuges. *Viv.*

4. T. MONTANUM, *Germandrée de montagne.* Dec. Lin. Fleurs d'un jaune blanchâtre. Juillet, août. Coteaux secs, arides et pierreux, à Bauzit. *Viv.*

1. NEPETA CATARIA, *Népeta chataire.* Dec. Lin. *Chataire, herbe aux chats.* Fleurs blanchâtres ou purpurines. Juin, juillet. Le long des chemins, dans les haies, à la Chartreuse de Charensac, aux fossés de la côte des Capucins au Puy. *Viv.*

1. GALEOPSIS OCHROLEUCA, *Galeopsis à fleur jaune.* Dec. *Galeopsis grandiflora.* Roth. Germ. Fleurs d'un jaune pâle. Août, septembre. Les champs, le long des rivières, à Montgiraud, au bord de la Loire sous Cussac, à Chanteuges près Langeac. *Ann.*

2. G. LADANUM, *Galeopsis ladane.* Dec. Lin. *Ortie rouge.* Fleurs pourpres, tachées de jaune à l'entrée de la gorge. Juillet, août. Les champs, les bois, à Espaly, Sinzelles, Cussac, au bois de Talobre et de Farges. *Ann.*

3. G. TETRAHIT, *Galeopis tetrahit.* Dec. Lin. *Ortie royale.* Fleurs pourpres, rarement blanches. L'été. Les champs, au Puy, à Montgiraud, Bauzit, Dolaison, Sainte-Sigolène, entre Yssingeaux et Tence. *Ann.*

4. G. VERSICOLOR, *Galeopsis bigarrée.* Dec. *Galeopsis tetrahit,* B. Lin. *Galeopsis cannabina.* Roth. Fleurs jaunes, lèvre inférieure à raies fauves et tache violette. Été. Bauzit, Solignac. *Ann.*

1. GALEOBDOLON LUTEUM, *Galeobdolon jaune.* Dec. *Ortie jaune. Galeopsis galeobdolon.* Lin. Fleurs jaunes. Avril, mai. Les champs, les prés, à Aiguilhe, Doue, Cussac, Solignac, entre Aurec et St.-Ferréol, aux bois de Ceyssac et de Laroche. *Viv.*

1. MENTHA SYLVESTRIS, *Menthe sauvage.* Dec. Lin. Fleurs d'un pourpre clair, quelquefois d'un beau blanc. Juillet, août. Les prés humides, le bord des ruisseaux, de la Borne au Puy, à Bauzit, Espaly, Laroche, Sainte-Sigolène, Tence. *Viv.*

2. M. VIRIDIS, *Menthe verte.* Dec. Lin. *Baume vert.* Fleurs rougeâtres. Juillet, août. Les lieux secs, à Bauzit. *Viv.*

3. M. ROTUNDIFOLIA, *Menthe à feuilles rondes.* Dec. Lin. *Baume sauvage.* Fleurs d'un blanc rose. Juillet, août. Lieux humides, sous Saint-Quentin, au pont de l'Enceinte, à Langeac. *Viv.*

4. M. AQUATICA. Lin. *Menthe hérissée,* B. *Mentha hirsuta.* Dec. Fleurs rougeâtres. Juillet, août. Au bord des eaux, autour du Puy. *Viv.*

5. M. PIPERITA, *Menthe poivrée*. Lois. Fl. gall. Lin. Fleurs purpurines. Août. Lieux humides, au bord des fossés longeant le chemin du Puy à Vals. *Viv.*

6. M. SATIVA, *Menthe cultivée*. Dec. Lin. Fleurs purpurines. Juillet. Les lieux humides, à Vazeilles près Saugues, à Pautès près d'Alleyras. *Viv.* On trouve aussi dans ces deux endroits la variété *Mentha procumbens*. Thuill. Fl. par.

7. M. GENTILIS, *Menthe apparentée*. Dec. Lin. Fleurs purpurines. Août, septembre. Le long des chemins, des fossés, au moulin de l'Arbousset, au fossé longeant le chemin du Puy à Vals, à Bauzit, Croisance, Langeac. *Viv.*

8. M. PULEGIUM, *Menthe pouliot*. Dec. Lin. *Pouliot*. Fleurs roses. Juillet, août. Les lieux humides, le long de la Borne près du Puy, à Brioude, Langeac. *Viv.*

1. GLECOMA HEDERACEA, *Glécome lierre-terrestre*. Dec. Lin. Fleurs bleues, rouges ou blanches Avril, mai. Dans les haies, les lieux couverts, au Puy, à Bauzit. *Viv.*

1. LAMIUM HIRSUTUM, *Lamier velu*. Dec. Lam. Dict. Fleurs purpurines. Avril, mai, juin. Les haies, lieux ombragés, les prés, à la Chartreuse de Charensac, Solignac, la Baume. *Viv.*

2. L. LÆVIGATUM, *Lamier lisse*. Dec. Lin. Fleurs d'un pourpre clair. Avril, mai. Au bord des champs, des haies, au Puy. *Viv.*

3. L. ALBUM, *Lamier blanc*. Dec. Lin. *Ortie blanche*. Fleurs blanches, tachées de noir. Avril, mai. Le long des haies, des chemins, des fossés, au Puy, à Bauzit, Eycenac, Craponne, Sainte-Sigolène. *Viv.*

4. L. PURPUREUM, *Lamier pourpre*. Dec. Lin. Fleurs pourpres, quelquefois blanches. Avril. Au bord des champs, à Aiguilhe. *Ann.*

5. L. AMPLEXICAULE, *Lamier embrassant*. Dec. Lin. Fleurs d'un rouge éclatant, quelquefois blanches. Mars, avril. Bord des champs, jardins, vignes, au Puy, à Bauzit, à Villeneuve de Fix. *Ann.*

1. BETONICA OFFICINALIS, *Bétoine officinale*. Dec. Lin. *Bétoine*. Fleurs purpurines, quelquefois blanches. Juillet, août. Les bois, pâturages, à Doue, Bauzit, Langeac, Manibrand, Sainte-Sigolène, Monistrol. *Viv.*

2. B. STRICTA, *Bétoine roide*. Dec. Ait. Fleurs comme la précédente, mais plus petites, velues. Juin, juillet. Dans les bois, à Doue, à Talobre. *Viv.*

3. B. HIRSUTA, *Bétoine hérissée*. Dec. Lin. Fleurs purpurines. Juillet, août, septembre. Pâturages des montagnes, les bois, à Bauzit, Tence, aux bois de Laroche et de la Chapelle-Geneste. *Viv.*

1. STACHYS GERMANICA, *Épiaire d'Allemagne*. Dec. Lin. Fleurs purpurines. Juin, juillet. Le long des chemins, à Bonnefont près Seneujols, Fifaliou près Rosières. *Ann.*

2. S. ALPINA, *Épiaire des Alpes*. Dec. Lin. Fleurs d'un rouge ferrugineux. Juillet, août. Les bois couverts, dans celui de Breysse près du Monastier, à Vachères. *Viv.*

3. S. SYLVATICA, *Épiaire des bois*. Dec. Lin. *Ortie puante*. Fleurs d'un pourpre foncé, avec des lignes blanches à la lèvre inférieure. Juin, juillet. Dans les bois, les lieux couverts et humides, au Puy le long de la Borne, à Chambeyrac, Chamalières, Folletier près d'Aurec, au pont Salomon. *Viv.*

4. S. RECTA. Lin. *Épiaire crapaudine*, *Stachys sideritis*. Dec. *Crapaudine*. Fleurs d'un jaune pâle, avec des taches rougeâtres. De mai à août. Terrains secs, bois, rochers, aux bois de la Bernarde, de Farges, de Vazeilles près de Saugues, sur les rochers de Corneille et d'Espaly. *Viv.*

5. S. ANNUA, *Épiaire annuelle*. Dec. Lin. Fleurs blanches, à lèvre inférieure un peu jaunâtre. Juin, juillet, août. Dans les moissons, les lieux pierreux, près des moulins du Puy, au bord des champs à Solignac. *Ann.*

1. BALLOTA FŒTIDA, *Ballote fétide*. Dec. Lam. *Marrube noir*. *Ballota nigra*. Lin. Fleurs rougeâtres. Juin, juillet, août. Le long des haies, des chemins, au Puy, à Bauzit. *Viv.*

1. MARRUBIUM VULGARE, *Marrube commun*. Dec. Lin. *Marrube blanc*. Fleurs blanches. Juillet, août. Dans les lieux incultes, au bord des chemins, au Puy, à Solignac, Sainte-Sigolène. *Viv.*

1. LEONURUS CARDIACA, *Agripaume cardiaque*. Dec. Lin. *Agripaume*. Fleurs pourpres, variées de blanc. Juin, juillet. Dans les haies, les lieux incultes, le long des chemins, près d'Espaly, à Bauzit. *Viv.*

1. ORIGANUM VULGARE, *Origan commun*. Dec. Lin. *Origan*. Fleurs pourpres, quelquefois blanches. Juillet, août. Les bois secs, le long des haies, entre le Puy et le pont de Villeneuve, à Escublas, Ceyssac, Laroche, Saint-Jean-Lachalm. *Viv.*

1. CLINOPODIUM VULGARE, *Clinopode commun*. Dec. Lin. *Grand basilic sauvage*. Fleurs rouges, rarement blanches. Juillet, août. Les haies, les rochers, à Bauzit, Cussac, l'Arbousset. *Viv.*

1. THYMUS SERPYLLUM, *Thym serpolet*. Dec. Lin. *Serpolet*. Fleurs rouges ou blanches. L'été. Au bord des chemins secs, les coteaux, à l'Arbousset, Denise, aux Rioux, à Doue, Bauzit, Pontempeyras, Sainte-Sigolène. *Viv.*

2. T. ACINOS, *Thym des champs*. Dec. Lin. *Petit basilic sauvage*. Fleurs pourpres ou violettes, tachées de blanc. Juin, juillet, août. Lieux secs et pierreux, au bord des champs, au

rocher de Corneille, à Roche-Arnaud, entre Vals et Bauzit, à Chauras, Doue, Solignac, Langeac. *Ann.*

3. T. VULGARIS, *Thym commun.* Dec. Lin. *Thym.* (Pebra-do). Fleurs d'un blanc pourpre. Été. Cultivé. *Viv.*

4. T. GRANDIFLORUS, *Thym à grande fleur.* Dec. *Melissa grandiflora.* Lin. Fleurs purpurines. Août. Dans les bois, les lieux ombragés et montueux, à Bonneville, Boussoulet, au bois de Breysse près du Monastier. *Viv.*

5. T. CALAMINTHA, *Thym calament.* Dec. *Calament de montagne. Melissa calamintha.* Lin. Fleurs purpurines, à gorge tachée, et velues. Été. Dans les bois élevés, celui qui est à l'est du Pertuis. *Viv.*

1. MELISSA OFFICINALIS, *Mélisse officinale.* Dec. Lin. *Mélisse, citronelle.* Fleurs blanches ou incarnates. Juin, juillet. Cultivée. *Viv.*

1. MELITTIS MELISSOPHYLLUM, *Mélitte à feuille de Mélisse.* Dec. Lin. *Mélisse bâtarde, mélisse des bois.* Fleurs pourpres, quelquefois blanches avec ou sans tache pourpre. Mai, juin. Dans les bois, ceux de la Bernarde, Ceyssac, Laroche, Tarreyres, Solignac, Doue. *Viv.*

1. DRACOCEPHALUM MOLDAVICA. Lin. *Dracocéphale de Moldavie.* Gilib. pl. d'Europe. Fleurs bleues, quelquefois blanches. Septembre. Sur les lisières des bois, au bord d'un bois entre Marminiac et Nolhac. *Ann.* Rare.

1. PRUNELLA VULGARIS. Lin. *Brunelle commune, Brunella vulgaris.* Dec. *Brunelle.* Fleurs bleues, quelquefois pourpres ou blanches. Juin, juillet. Les prés, les bois, à Ours, à Solignac. *Viv.*

2. P. LACINIATA. Lin. *Brunelle découpée, Brunella laciniata.* Dec. Fleurs blanches, quelquefois bleues ou pourpres. Juin, juillet. Coteaux secs, à Ceyssac, Bauzit, Saint-Blaise, au pont Salomon. *Viv.*

1. SCUTELLARIA GALERICULATA, *Toque tertianaire.* Dec. Lin. *Toque, tertianaire.* Fleurs bleues ou violettes. Juin, juillet. Dans les lieux humides, le long des rivières, au bord de la Loire sous Chadrac, Dans les prés au-dessus de Brives. *Viv.*

CLASSE ONZIÈME.

DICOTYLÉDONES DIPÉRIANTHÉES MONOPÉTALÉES INFEROVARIÉES.

FAMILLE CINQUANTE-DEUXIÈME.

LES CAMPANULACÉES. (*Jussieu.*)

1. CAMPANULA ROTUNDIFOLIA, *Campanule à feuilles rondes.* Dec. Lin. Fleurs d'un bleu cendré ou blanches. Été. Lieux arides et pierreux, au bord des bois, sur le rocher de Saint-Michel, à Figeon, Bauzit, au bois de Talobre, à Saint-Blaise. *Viv.*

2. C. PUSILLA, *Campanule naine.* Dec. Lin. Fleurs bleues, quelquefois blanches. Juin, juillet. Les bois, les rochers, au Puy, au rocher Saint-Michel. *Viv.*

3. C. PULLA. Lin. Jacq. Obs. 1. tab. 18. Fleurs d'un bleu foncé. Dans les prés secs, les basse-cours, à Sainte-Sigolène.

4. C. LINIFOLIA, *Campanule à feuilles de lin.* Dec. Lam. Dict. Fleurs bleues. Juillet, août. Les bois, les pâturages des montagnes, au bois de Taulhac, à Seneujols, Pontempeyras. *Viv.*

5. C. RAPUNCULUS, *Campanule raiponce.* Dec. Lin. *Raiponce.* Fleurs bleues, quelquefois blanches. Mai, juin, juillet. Les vallons, les champs, les bois, à Sainte-Sigolène. *Bisan.*

6. C. PERSICIFOLIA, *Campanule à feuilles de pêcher.* Dec. Lin. Fleurs bleues, quelquefois blanches. Juin, juillet, août. Dans les bois, ceux de Taulhac, de Doue, de la Baume, de Bauzit, de Laroche, au Bouchas près Saint-Hostien, à Fix. *Viv.* La variété à fleur double est cultivée dans les jardins, et connue sous le nom de *Bâton de Jacob.*

7. C. PATULA, *Campanule étalée.* Dec. Lin. Fleurs bleues. Juin, juillet, août. Les bois, les haies, au bord des champs, à la Bernarde, aux bois de Bauzit et de Solignac. *Bisan.*

8. C. LATIFOLIA, *Campanule à large feuille.* Dec. Lin. Fleurs bleues, quelquefois blanches. Juin. Dans les haies, les lieux montueux et couverts, à St.-Hostien, au Chier sous Solignac. *Viv.*

9. C. URTICIFOLIA, *Campanule à feuilles d'ortie.* Dec. Fleurs bleues. Juillet, août. Bois ombragés et montueux, à Laval, Laroche, Solignac. *Viv.*

10. C. TRACHELIUM, *Campanule gantelée.* Dec. Lin. *Gants de Notre-Dame.* Fleurs d'un bleu foncé ou violettes, quelquefois blanches. Juillet, août. Dans les bois, au Séminaire du Puy, à Espaly, la Bernarde, Ceyssac, Laroche, Solignac. *Viv.*

11. C. GLOMERATA, *Campanule agglomérée.* Dec. Lin. Fleurs

bleues. Juin, juillet, août. Lieux montueux et secs, au Séminaire du Puy, aux bois de Farges et de la Baume, à Doue, Dolaison, aux Estables. *Viv.*

12. C. CERVICARIA, *Campanule en tête.* Dec. Lin. Fleurs bleues, quelquefois violettes. Juillet, août. Les bois, les prés montueux, aux bois de Bauzit et des Rioux. *Bisan.*

1. PRISMATOCARPUS SPECULUM, *Prismatocarpe miroir-de-Vénus.* Dec. *Campanula speculum.* Lin. *Miroir de Vénus.* Fleurs d'un violet rougeâtre ou blanches. Mai, juin. Commun dans les champs parmi les blés. *Ann.*

1. PHYTEUMA PAUCIFLORA, *Raiponce à petite tête.* Dec. Lin. Fleurs d'un bleu foncé, rarement blanches. Juin. Lieux pierreux des hautes montagnes, au mont Merey près de Chacornac. *Viv.*

2. P. SCORZONERIFOLIA, *Raiponce à feuilles de scorzonère.* Dec. Vill. Dauph. Fleurs bleues, quelquefois blanches. Dans les pâturages élevés, au Collet. *Viv.*

3. P. HEMISPHÆRICA, *Raiponce hémisphérique.* Dec. Lin. Fleurs bleues ou blanches. Juin, juillet. Sur les montagnes élevées, au Mezenc, à Costaros, la Sauvetat, Pradelles. *Viv.*

4. P. ORBICULARIS, *Raiponce orbiculaire.* Dec. Lin. Fleurs bleues. De mai à août. Les prés secs des montagnes, au Mezenc, à Montbonnet. *Viv.*

5. P. SPICATA, *Raiponce en épi.* Dec. Lin. Fleurs blanchâtres, rarement bleues. Les bois, les pâturages montagneux, aux bois de Laroche, de Tarreyres, Solignac, Poinsac, de la Baume et de Jalor, au Villard. *Viv.*

1. JASIONE MONTANA, *Jasione de montagne.* Dec. Lin. Fleurs d'un bleu cendré, rarement blanches. De juin à septembre. Sur les coteaux, dans les bois, dans ceux du Séminaire du Puy, de Bauzit, Taulhac, des Rioux, de Laroche, Talobre, Durianne, du Villard et des Pandraux, entre Tence et Yssingeaux, à Langeac. *Ann.*

2. J. PERENNIS, *Jasione vivace.* Dec. Lam. Fleurs d'un bleu cendré. Juin, juillet, août. Sur les montagnes, dans les bois, les rochers, aux bois de Bauzit, de Taulhac, de Barret, à Payrard, Pontempeyras, Masigone. *Viv.*

FAMILLE CINQUANTE-TROISIÈME.

LES VALÉRIANÉES. (*Decandolle.*)

1. VALERIANA OFFICINALIS, *Valériane officinale.* Dec. Lin. *Valériane sauvage.* (Her-bo dous tsa.) Fleurs purpurines ou blanchâtres. Juin, juillet. Les bois, les prés, au Puy, à Bauzit,

Eycenac, Ceyssac, Cussac, au Villard, aux Pandraux, Sainte-Sigolène, Saint-Ferréol-d'Auroure. *Viv.*

2. V. DIOICA, *Valériane dioïque.* Dec. Lin. Fleurs purpurines ou blanchâtres. Juin. Dans les champs et prés humides, à Saint-Paul-de-Tartas. *Viv.*

3. V. TRIPTERIS, *Valériane à trois lobes.* Dec. Lin. Fleurs blanches ou d'un pourpre clair. Avril, mai. Dans les fissures des rochers, entre Laval et Bauzit., aux bois de Laroche et de Farges, à Cussac, Ceyssac. *Viv.*

4. V. PYRENAICA, *Valériane des Pyrénées.* Dec. Lin. Fleurs purpurines. Avril, mai. Les lieux humides et ombragés, à la Chartreuse de Charensac, au bois de Laroche. *Viv.*

1. VALERIANELLA OLITORIA, *Mâche cultivée.* Dec. *Mâche, doucette. Valeriana locusta olitoria,* A. Lin. (Pon-froumen, doucë-to). Fleurs blanchâtres, presque bleues ou rougeâtres. Mars, avril. Commune dans les champs, les jardins. *Ann.*

FAMILLE CINQUANTE-QUATRIÈME.

LES VACCINIÉES. (*Loiseleur* et *Marquis.*)

1. VACCINIUM MYRTILLUS, *Airelle myrtille.* Dec. Lin. *Airelle, Myrtille.* (Iré-lo, ilé-ro). Fleurs rouges, à limbe verdâtre. Mai, juin. Les bois montueux, de Doue au Mezenc, à Mounets, Lavoûte-sur-Loire, au Pertuis, Sainte-Sigolène, la Borie près Saint-Jeure, à Fix. *Lign.*

2. V. OXYCOCCOS, *Airelle canneberge.* Dec. Lin. *Canneberge, coussinet de marais.* Fleurs roses. Juin, juillet. Les lieux humides et marécageux, au Villard. *Lign.*

FAMILLE CINQUANTE-CINQUIÈME.

LES CUCURBITACÉES. (*Jussieu.*)

1. CUCURBITA PEPO, B. Lin. *Citrouille.* Mérat, Nouv. fl. par. *Giraumon.* (*Cougour-lo*). Fleurs jaunes. Juin, juillet. Cultivée. *Ann.*

On en cultive aussi une variété à fruit très-gros, sphérique, aplati en dessus et en dessous, verdâtre ou ardoisé. *Potiron. Courge potiron. Cucurbita maxima.* Dec.

1. CUCUMIS MELO, *Concombre melon.* Dec. Lin. *Melon.* (Meloun). Fleurs jaunes. Été. Cultivé. *Ann.*

2. C. SATIVUS, *Concombre cultivé.* Dec. Lin. *Concombre.* Fleurs jaunes. Été. Cultivé. *Ann.*

1. Bryonia dioica, *Bryone dioïque*. Dec. *Bryone, navet du diable, couleuvrée*. (Avalaï-rë). Fleurs d'un blanc verdâtre. Été. Dans les haies, au Puy, à Polignac, Espaly, Doue, Bauzit, Coubon, Mounets, Langeac. *Viv.*

FAMILLE CINQUANTE-SIXIÈME.

LES CAPRIFOLIÉES. (*Mérat.*)

1. Lonicera caprifolium, *Chèvrefeuille des jardins*. Dec. Lin. Fleurs rougeâtres en dehors, blanches en dedans. Été. Les haies, les bois, à Farges, Chadrac. *Lign.* Cultivé dans les jardins.

2. L. periclymenum, *Chèvrefeuille periclymène*. Dec. Lin. *Chèvrefeuille des bois*. Fleurs rougeâtres en dehors, jaunâtres à leur entrée. Juin, juillet, août. Les bois, les haies, à Laval, Laroche, Ceyssac. *Lign.*

3. L. xilosteum, *Chèvrefeuille xilostéon*. Dec. Lin. Fleurs blanches. Mai, juin. Les bois, les buissons, à Bauzit, Doue, Ceyssac, Chaumazel, les bois de la Bernarde et de Solignac. *Lign.*

4. L. alpigena, *Chèvrefeuille des Alpes*. Dec. Lin. Fleurs jaunâtres intérieurement, purpurines en dehors. Mai. Les lieux couverts et montagneux, au bois de Laroche. *Lign.*

1. Sambucus ebulus, *Sureau yëble*. Dec. Lin. *Hièble, yèble, petit sureau*. (Sohu nier). Fleurs blanches, mêlées de rouge. Juin, juillet. Bord des chemins, des champs, des fossés, au Puy, à Bauzit, Sainte-Sigolène. *Viv.*

2. S. nigra, *Sureau noir*. Dec. Lin. *Sureau*. (Sohu). Fleurs blanches. Juin, juillet. Les haies, les bois, à Bauzit, Eycenac, Clissac, Sainte-Sigolène. *Lign.*

3. S. racemosa, *Sureau à grappes*. Dec. Lin. Fleurs d'un jaune pâle. Avril, mai. Dans les bois, aux Estreix, à Riousset près de Farges, Vabrettes près de Saint-Jean-Lachalm, aux bois de la Baume et de Saint-Hostien. *Lign.*

1. Viburnum lantana, *Viorne mancienne*. Dec. Lin. *Viorne, mentiane, mancienne*. (Tâtié). Fleurs blanches. Mai. Les haies, les bois, à Bauzit, Doue, la Bernarde, au bois de Laroche, aux Martres près Langeac, à Sainte-Sigolène. *Lign.*

2. V. opulus, *Viorne obier*. Dec. Lin. *Obier, sureau aquatique*. Fleurs blanches. Mai, juin. Endroits humides des bois, à la Chabanne près Lantriac. *Lign.*

On en cultive dans les jardins et les bosquets une variété à fleurs presque toutes stériles : *Viburnum opulus*, B. *roseum*. Lin. *Boule de neige, rose de Gueldre*.

FAMILLE CINQUANTE-SEPTIÈME.

LES RUBIACÉES. (*Jussieu.*)

1. RUBIA TINCTORUM, *Garance des teinturiers.* Dec. Lin. *Garance.* Fleurs d'un blanc jaunâtre. Juin, juillet. Dans les buissons, les haies, près de Solignac, dans les bois de Sainte-Sigolène. *Viv.*

1. VALANTIA CRUCIATA. Lin. *Gaillet croisette, Galium cruciata.* Dec. *Croisette.* Fleurs jaunes. Avril, mai, juin. Les haies, les buissons, le bord des prés, au Puy, à Espaly, Ceyssac, Chazaux près Borne, au Villard, à Mounets, la Sauvetat, Pradelles, Sainte-Sigolène. *Viv.*

1. CRUCIANELLA ANGUSTIFOLIA, *Crucianelle à feuilles étroites.* Dec. Lin. Fleurs blanchâtres. Juin, juillet, août. Les lieux secs, sablonneux et pierreux, à Taulhac, Bauzit. *Ann.*

1. GALIUM PALUSTRE, *Gaillet des marais.* Dec. Lin. Fleurs blanches. Été. Les prés humides, au bord des fossés et des ruisseaux, à Ceyssac. *Viv.*

2. G. ULIGINOSUM, *Gaillet fangeux.* Dec. Lin. Fleurs blanches. Juin, juillet, août. Les bois, les pâturages, à Cussac, au bois de Cumignat près de Javaugues. *Viv.*

3. G. SPURIUM, *Gaillet bâtard.* Dec. Lin. *Faux caille-lait.* Fleurs blanchâtres. Juin, juillet, août. Les lieux cultivés, au-dessous d'Aiguilhe. *Ann.*

4. G. SAXATILE, *Gaillet des rochers.* Dec. Lin. Fleurs blanchâtres. Août. Parmi les graviers et les débris de rochers des montagnes, à Eycenac. *Viv.*

5. G. PUMILUM, *Gaillet nain.* Dec. Lam. Fleurs blanchâtres. Dans les rochers, sur les coteaux escarpés, à Bauzit. *Viv.*

6. G. BOCCONI, *Gaillet de Boccone.* Dec. All. Fl. ped. Fleurs blanches. Juin, juillet. Dans les bois montueux, celui de Doue. *Viv.*

7. G. PUSILLUM. Lin. *Gaillet lisse, G., Galium lœve.* Dec. Fleurs blanches. Juin, juillet. Les pâturages, les bois, à Bauzit. *Viv.*

8. G. SCABRUM. Jacq. Fl. austr. Fleurs blanches. Août. Lieux secs et pierreux des montagnes, au bois de Taulhac. *Viv.*

9. G. MOLLUGO, *Gaillet mollugine.* Dec. Lin. *Caille-lait blanc.* Fleurs blanches. Mai, juin. Commun dans les prés, les bois, les haies, à Bauzit, Eycenac, Pissevieille, Sainte-Sigolène. *Viv.*

10. G. VERUM, *Gaillet jaune.* Dec. Lin. *Vrai caille-lait.*

Fleurs jaunes. Tout l'été. Les prés, les bois, les haies, au Puy, à Bauzit, Langeac, entre Yssingeaux et Tence, à Sainte-Sigolène. *Viv.*

11. G. BOREALE, *Gaillet boréal.* Dec. Lin. Fleurs blanches. Juin. Les prés, les lieux pierreux, bord de la Loire près de Saint-Blaise. *Viv.*

12. G. ROTUNDIFOLIUM, *Gaillet à feuilles rondes.* Dec. Lin. Fleurs blanches. Juin, juillet. Les bois ombragés des hautes montagnes, aux bois de Jalor et de Chacornac. *Viv.*

13. G. APARINE, *Gaillet gratteron.* Dec. Lin. *Gratteron.* (Her-bo de los gropou-los.) Fleurs blanchâtres. Juin, juillet. Les haies et les lieux cultivés, au Puy, à Bauzit, Sainte-Sigolène. *Ann.*

1. ASPERULA ODORATA, *Aspérule odorante.* Dec. Lin. *Reine des bois, petit muguet, hépatique étoilée.* Fleurs blanches. Mai, juin. Dans les bois, les lieux couverts, au Mazel entre Pradelles et Langogne, au Mezenc, aux bois du Villard, de Saint-Front, de Vaux et de Bonneville. *Viv.*

2. A. ARVENSIS, *Aspérule des champs.* Dec. Lin. Fleurs d'un bleu pourpre. Mai, juin. Les champs, les bois, à Doue, Bauzit, Cussac, Langeac, au Monteil, au Villard. *Ann.*

3. A. TINCTORIA, *Aspérule des teinturiers.* Dec. Lin. *Petite garance.* Fleurs blanches. Juin, juillet. Coteaux arides et pierreux, au bois de Sainte-Sigolène. *Viv.*

4. A. CYNANCHICA, *Aspérule à l'esquinancie.* Dec. Lin. *Herbe à l'esquinancie.* Fleurs couleur de chair. Tout l'été. Commune sur les coteaux et dans les pâturages secs, à Doue, Ceyssac, Bauzit, l'Arbousset, Saint-Arcons-d'Allier, la Chabanne, aux bois de Taulhac et des Rioux. *Viv.*

1. SHERARDIA ARVENSIS, *Shérarde des champs.* Dec. Lin. Fleurs bleues. Tout l'été. Dans les champs, à Colandre près de Solignac. *Ann.*

FAMILLE CINQUANTE-HUITIÈME.

LES DIPSACÉES. (*Jussieu.*)

1. DIPSACUS SYLVESTRIS, *Cardère sauvage.* Dec. Willd. *Dipsacus fullonum*, A. Lin. Fleurs d'un pourpre clair. Juillet, août, septembre. Le long des chemins, au bord des ruisseaux, des champs, à Bauzit, au Puy, entre Sainte-Sigolène et Monistrol. *Bisan.*

2. D. PILOSUS, *Cardère velue.* Dec. Lin. *Verge à pasteur.* Fleurs blanchâtres. Juillet, août. Au bord des rivières de Borne et de Dolaison au Puy. *Bisan.*

1. SCABIOSA SUCCISA, *Scabieuse succise*. Dec. Lin. *Mors-du-diable*. Fleurs bleues, quelquefois blanches. De juillet à septembre. Les prés, les bois, à Doue, au Puy, à Solignac, Sainte-Sigolène. *Viv.*

2. S. ARVENSIS, *Scabieuse des champs*. Dec. Lin. (Gramoutou.) Fleurs d'un bleu cendré. L'été. Dans les prés, les bois, les champs, à Chauras, Pissevieille, Bauzit, Doue, Sainte-Sigolène. *Viv.*

3. S. SYLVATICA, *Scabieuse des bois*. Dec. Lin. Fleurs purpurines. Juin, juillet. Dans les bois, celui du Séminaire du Puy, à Ours, Bauzit, Solignac. *Viv.*

4. S. GRAMUNTIA, *Scabieuse de Gramont*. Dec. Lin. Fleurs d'un pourpre cendré. Juillet, août. Dans les bois, le long des chemins, au Séminaire du Puy, à l'Arbousset, Doue, Bauzit. *Viv.*

5. S. COLUMBARIA, *Scabieuse colombaire* Dec. Lin. Fleurs d'un bleu pourpre. Août, septembre. Dans les bois, les prés, au Séminaire du Puy, à Taulhac, au Collet, aux Rioux, à Saint-Arcons-d'Allier. *Viv.*

6. S. PYRENAICA, *Scabieuse des Pyrénées*. Dec. Lin. Fleurs de couleur cendrée. Septembre, octobre. Les lieux pierreux et rocailleux, au Collet. *Bisan.*

7. S. GRAMINIFOLIA, *Scabieuse graminée*. Dec. Lin. Fleurs bleues. Juillet. Dans les montagnes, à Bauzit, Ceyssac. *Viv.*

8. S. OCHROLEUCA, *Scabieuse jaunâtre*. Dec. Lin. Fleurs d'un jaune pâle. Juin, juillet, août. Dans les prés secs, sur les coteaux, à Doue à l'aspect du midi. *Viv.*

FAMILLE CINQUANTE-NEUVIÈME.

LES CHICORACÉES. (*Jussieu.*)

(*Semi-flosculeuses*. Tournefort. Lin.)

1. LAMPSANA MINIMA, *Lampsane fluette*. Dec. *Hyoseris minima*. Lin. Fleurs d'un jaune pâle. Mai, juin. Dans les pâturages secs et les lieux sablonneux, à Masigone sous Pradelles. *Ann.*

2. L. COMMUNIS *Lampsane commune*. Dec. *Lampsana communis*. Lin. Fleurs d'un jaune pâle. Été. Les lieux cultivés, les décombres, au bord des chemins, des haies, au bois du Séminaire du Puy, à Bauzit, à Sainte-Sigolène. *Ann.*

1. PRENANTHES TENUIFOLIA, *Prénanthe à feuilles menues*. Dec. Lin. Fleurs purpurines. Juin, juillet. Dans les bois, au Pertuis. *Viv.*

2. P. PURPUREA, *Prénanthe pourpre*. Dec. Lin. Fleurs purpurines. Juin, juillet. Bois pierreux et ombragés des hautes montagnes, à Bonneville, au Pertuis, à St.-Didier-d'Allier. *Viv.*

3. P. VIMINEA, *Prénanthe osier.* Dec. Lin. Fleurs jaunes. Juillet, août, septembre. Lieux pierreux, coteaux arides, les vignes, au Puy, à l'Arbousset, Doue, Bauzit, Solignac, Ceyssac, aux Rioux. *Bisan.*

1. CHONDRILLA JUNCEA, *Chondrille effilée.* Dec. Lin. Fleurs jaunes. Été. Les bords des champs, les lieux secs, les bois, au-dessus du pont d'Estrouilhas, à Ours, aux bois des Rioux. *Viv.*

2. C. MURALIS, *Chondrille des murs.* Dec. *Prenanthes muralis.* Lin. Fleurs jaunes. De juin à septembre. Bois, lieux ombragés, à Bauzit, aux bois du Séminaire du Puy, de Solignac, du Pertuis. *Ann.*

1. SONCHUS OLERACEUS, *Laitron des lieux cultivés.* Dec. Lin. *Laitron.* (Leïtar.) Fleurs jaunes. De juin à septembre. Les lieux cultivés, jardins, vignes, au Puy, ainsi que la variété à feuilles crépues, roides et à dents épineuses. *Ann.*

1. HIERACIUM ALPINUM, *Épervière des Alpes.* Dec. Lin. Fleurs jaunes. Dans les pâturages, à Bauzit, Cussac. *Viv.*

2. H. PILOSELLA, *Épervière piloselle.* Dec. Lin. *Piloselle, oreille de rat, oreille de souris.* Fleurs d'un jaune-soufre. Juin, juillet, août. Pâturages secs, bord des chemins, coteaux arides, à Bauzit, Ceyssac, Solignac, Pontempeyras, Ste.-Sigolène. *Viv.*

3. H. DUBIUM. Lin. Fleurs d'un jaune pâle. Juin, juillet. Pâturages un peu humides et montueux, à Bauzit, Solignac. *Viv.*

4. H. AURICULA, *Épervière auricule.* Dec. Lin. Fleurs jaunes. Mai, juin. Les prés, les pâturages humides, à Laroche. *Viv.*

5. H. CYMOSUM, *Épervière à bouquet.* Dec. Lin. Fleurs jaunes. Mai, juin. Les pâturages secs, à l'Arbousset, au bois de Solignac. *Viv.*

6. H. MURORUM, *Épervière des murs.* Dec. Lin. *Pulmonaire des français.* Fleurs jaunes. Mai, juin. Dans les bois et sur les vieux murs, aux bois du Séminaire du Puy et de Doue, à Bauzit. *Viv.*

7. H. SYLVATICUM, *Épervière des bois.* Dec. Gouan. Fleurs jaunes. Mai, juin. Les bois montueux, ceux de Saint-Hostien et de Sainte-Sigolène. *Viv.*

8. H. PALUDOSUM, *Épervière des marais.* Dec. Lin. Fleurs jaunes. Juin. Les prés marécageux, les bois humides et montueux, à Laval. *Viv.*

9. H. AMPLEXICAULE, *Épervière embrassante.* Dec. Lin. Fleurs jaunes. De mai à septembre. Lieux pierreux et montueux, au bois du Séminaire du Puy, au rocher de Polignac, entre les Brus et Clary, à Bauzit. *Viv.*

10. H. TUBULOSUM, *Épervière tubuleuse.* Dec. Lam. Dict. Fleurs d'un jaune pâle. Coteaux pierreux, entre Vals et Laroche. *Viv.*

11. H. VILLOSUM, *Épervière velue.* Dec. Lin. Fleurs jaunes. Juin, juillet, août. Les pâturages, les bois, à l'Arbousset, Solignac, au bois de Laroche. *Viv.*

12. H. SABAUDUM, *Épervière de savoie.* Dec. Lin. Fleurs jaunes. Juillet, août. Les bois, les coteaux, au Fieu, à Escublas. *Viv.*

13. H. LANCEOLATUM. Vill. Dauph. Fleurs jaunes. Juillet, août. Dans les bois, à Ceyssac.

14. H. UMBELLATUM, *Épervière en ombelle.* Dec. Lin. Fleurs jaunes. Août, septembre. Les bois, pâturages secs, à la plaine de Chadrac. *Viv.*

1. ANDRYALA SINUATA, *Andryale découpée.* Dec. Lin. Fleurs jaunes. Juillet, août. Dans les terrains sablonneux, au pont de Vabres près d'Alleyras. *Viv.*

1. CREPIS TECTORUM, *Crépide des toits.* Dec. Lin. Fleurs jaunes. Été. Les prés, pâturages secs, à Fontannes près de Brioude. *Ann.*

2. C. DIFFUSA, *Crépide étalée.* Dec. *Crepis virens.* Lin. Fleurs jaunes. Juillet, août, septembre. Les champs, les pâturages secs, à l'Arbousset, entre Espaly et la Bernarde, à Farnier, Bauzit, Laroche, Pontempeyras. *Ann.*

3. C. BIENNIS, *Crépide bisannuelle.* Dec. Lin. Fleurs jaunes. Mai, juin. Les pâturages, le bord des champs, au Puy, au bois de Doue. *Bisan.*

1. BARKHAUSIA TARAXACIFOLIA, *Barkausie à feuilles de pissenlit.* Dec. *Crepis taurinensis.* Wild. Fleurs jaunes. Mai, juin, et même en automne. Pâturages secs, le bord des champs, entre Espaly et la Bernarde, au bois de Doue. *Ann.*

1. LACTUCA VIROSA, *Laitue vireuse.* Dec. Lin. Fleurs jaunes. Juillet, août. Au bord des champs, des bois, des haies, aux vignes de Vals, à Bauzit, Doue, Ceyssac, Ste.-Sigolène. *Bisan.*

2. L. PERENNIS, *Laitue vivace.* Dec. Lin. Fleurs d'un bleu pourpre. Les champs pierreux, les fentes de rochers, à Solignac. *Viv.*

3. L. SATIVA, *Laitue cultivée.* Dec. Lin. Fleurs d'un jaune pâle. Juin, juillet. Cultivée, ainsi que plusieurs de ses variétés. *Ann.*

1. TARAXACUM DENS LEONIS, *Pissenlit dent-de-lion.* Dec. *Leontodon taraxacum.* Lin. (Pissonleï). Fleurs jaunes. Avril, mai, juin. Commun dans les prés, au bord des chemins, des fossés, dans les cours et jardins, au Puy, à Sainte-Sigolène. *Viv.*

1. LEONTODON AUTUMNALE, *Liondent d'automne*, Dec. Lin.

Fleurs jaunes. De juillet à octobre. Les pâturages, le long des chemins, parmi les luzernes cultivées, au Puy, à Bauzit. *Viv.*

2. L. HISPIDUM, *Liondent hérissé*. Dec. Lin. Fleurs jaunes. Juillet, août, septembre. Dans les pâturages, les bois, à celui du Séminaire du Puy, à Espaly, Bauzit, Pontempeyras. *Viv.*

1. TRINCIA HIRTA, *Trincie hérissée*. Dec. *Leontodon hirtum*. Lin. Fleurs jaunes. Mai, juin. Lieux secs et pierreux, bord des chemins, à Bauzit. *Viv.*

1. PICRIS HIERACIOIDES, *Picride épervière*. Dec. Lin. Fleurs jaunes. De juin à octobre. Au bord des champs, des bois, des vignes, au rocher de Corneille du Puy, aux vignes de Chausson, au mont Denise, au mont Brunelet près Brives, à Doue, Bauzit. *Viv.*

2. P. PAUCIFLORA. Willd. *Picride pauciflore*. Dec. Fleurs jaunes. Juin, juillet. Dans les bois, sur les hautes montagnes, aux bois de Peyredeyre et de Solignac, aux Estables. *Viv.*

1. SCORZONERA HISPANICA, *Scorzonère d'Espagne*. Dec. Lin. *Scorsonère*. Fleurs jaunes. Mai, juin. Cultivée. *Viv.*

1. PODOSPERMUM LACINIATUM, *Podosperme découpé*. Dec. *Scorzonera laciniata*. Lin. Fleurs jaunes. Juin. Au bord des champs, des chemins, du Puy à Ours, du Puy à Brives. *Bisan.*

1. TRAGOPOGON PRATENSE, *Salsifix des prés*. Dec. Lin. *Barbe de bouc*. (Boudginbar-bo). Fleurs jaunes, extérieurement pourpres. Mai, juin. Commun dans les prés, au Puy, à Bauzit, Sainte-Sigolène. *Bisan.*

2. T. PORRIFOLIUM, *Salsifix à feuilles de poireau*. Dec. Lin. *Salsifix*. (Sorsiti). Fleurs d'un pourpre violet. Juin, juillet. Cultivé. *Bisan.*

1. HYPOCHÆRIS MACULATA, *Porcelle tachée*. Dec. Lin. Fleurs jaunes. Juin, juillet. Les coteaux secs, les pâturages, à Chadrac, Bauzit. *Viv.*

2. H. RADICATA, *Porcelle à longues racines*. Dec. Lin. Fleurs jaunes. Été. Les pâturages, le bord des bois, à Ours, Bauzit, Doue, Craponne. *Viv.*

3. H. GLABRA, *Porcelle glabre*. Dec. Lin. Fleurs jaunes. Mai, juin, juillet, et même en automne. Coteaux, prairies un peu humides, à Bauzit. *Ann.*

1. CICHORIUM INTYBUS, *Chicorée sauvage*. Dec. Lin. Fleurs bleues ou blanches. Été. Au bord des chemins, des champs, à Bauzit, à Polignac, de Sainte-Sigolène à Monistrol. *Viv.*

2. C. ENDIVIA, *Chicorée endive*. Dec. Lin. *Endive*, *scariole*. Fleurs bleues. Été. cultivée, ainsi que deux de ses variétés. *Ann.*

FAMILLE SOIXANTIÈME.

LES CARDUACÉES. (*Mérat.*)

(*Flosculeuses*, Tournefort.)

1. CARDUUS NUTANS, *Chardon penché*. Dec. Lin. *Chardon ordinaire*. Fleurs pourpres, quelquefois blanches. Juin, juillet. Les décombres, le long des haies, au Puy, à Bauzit. *Bisan.*

2. C. ACANTHOIDES, *Chardon à feuilles d'acanthe*. Dec. Lin. Fleurs pourpres. Mai, juin. Les champs, le long des haies, au Puy, à Bauzit. *Ann.*

3. C. CRISPUS, *Chardon crépu*. Dec. Lin. Fleurs purpurines. Juin, juillet. Au bord des champs, des chemins, à Figeon. *Ann.*

4. C. MARIANUS, *Chardon marie*. Dec. Lin. Fleurs purpurines. Mai, juin. Lieux incultes, au bord des chemins, à Saint-Blaise. *Ann.*

1. SERRATULA TINCTORIA, *Sarrète des teinturiers*. Dec. Lin. Fleurs purpurines, quelquefois blanches. De Juin à septembre. Dans les prés, sous Doue, à Bauzit. *Viv.*

1. ARCTIUM LAPPA. Lin. *Bardane, glouteron. Lappa glabra, Bardane à têtes glabres.* Lam. Dict. (Fatras). Fleurs purpurines, quelquefois blanches. Juillet, août, septembre. Parmi les décombres, les rochers, le long des chemins, au rocher de Corneille au Puy, à Bauzit, Sainte-Sigolène. *Bisan.*

1. CENTAUREA AMARA, *Centaurée amère*. Dec. Lin. Fleurs purpurines. Juin, juillet. Les prés, coteaux arides, à la plaine de Mons, au bord de la Loire sous Solignac. *Viv.*

2. C. JACEA, *Centaurée jacée*. Dec. Lin. Fleurs purpurines, quelquefois blanches. Juin. Les prés, les bois, au Puy, à Laval, Bauzit, au bois d'Ours. *Viv.*

3. C. NIGRA, *Centaurée noire*. Dec. Lin. Fleurs purpurines, quelquefois blanches. Juillet, août. Les prés, les bois, au Puy, à Laval, Bauzit, Vazeilles près de Saugues, à Roche-Besseyre près Langeac. *Viv.*

4. C. UNIFLORA, *Centaurée uniflore*. Dec. Lin. Fleurs purpurines. Juin, juillet. Dans les pâturages, à Peyredeyre au bord de la Loire *Viv.*

5. C. PHRIGIA, *Centaurée plumeuse*. Dec. Lin. Fleurs purpurines, quelquefois blanches. Juillet, août, septembre. Les prés, les pâturages des montagnes, les endroits pierreux, au col de la Paille, à Saint-Blaise. *Viv.*

6. C. PROCUMBENS, Balb. Misc. Alt. ined. Lois. Fl. gall.

Fleurs purpurines. Juin, juillet. Les lieux pierreux, au bord de la Loire sous Lavalette, au pont de Vabres. *Viv.*

7. C. CYANUS, *Centaurée bleuet.* Dec. Lin. *Bluet, barbeau, aubifoin, casse-lunette.* (Los bluveïro-los). Fleurs bleues, roses, blanches ou mélangées. Mai, juin, juillet. Très-commune dans les moissons, au Puy, à Sainte-Sigolène, à Fontannes près de Brioude. *Ann.*

8. C. PANICULATA, *Centaurée en panicule.* Dec. Lin. Fleurs purpurines, quelquefois blanches. Juin, juillet, août. Lieux secs, pierreux et stériles, au rocher de Corneille, à Bauzit, au bois de Laroche, à Ceyssac, Solignac, Peyredeyre, Langeac. *Bisan.*

9. C. SCABIOSA, *Centaurée scabieuse.* Dec. Lin. Fleurs purpurines. Juin, juillet. Les pâturages, le bord des champs, les bois, à Roche-Arnaud, Bauzit, Doue, Cussac, Solignac, Saint-Hostien, aux bois de Taulhac et de Laroche. *Viv.*

10. C. MACULOSA, *Centaurée tachée*, B. Dec. Lam. Fleurs purpurines. Le bord des chemins, les lieux pierreux.

11. C. CALCITRAPA, *Centaurée chausse-trape.* Dec. Lin. *Chausse-trape, chardon étoilé.* Fleurs purpurines, quelquefois blanches. Juillet, août. Lieux stériles et pierreux, bord des chemins, au Puy, à Polignac, Bauzit, Ours, Ste.-Sigolène. *Bisan.*

12. C. LANATA, *Centaurée laineuse.* Dec. *Chardon béni des Parisiens. Carthamus lanatus.* Lin. Fleurs d'un jaune safrané. Juillet, août. Au bord des chemins. *Ann.*

1. CIRSIUM LANCEOLATUM, *Cirse lancéolé.* Dec. *Carduus lanceolatus.* Lin. Fleurs purpurines, quelquefois blanches. Juillet, août, septembre. Parmi les décombres, au bord des chemins, rives de la Borne au Puy, à Bauzit. *Bisan.*

2. C. ERIOPHORUM, *Cirse laineux.* Dec. *Chardon aux ânes. Carduus eriophorus.* Lin. Fleurs purpurines. Juillet, août. Bord des chemins, lieux stériles et montueux, à Bauzit, au vallon de Laroche. *Bisan.*

3. C. OCHROLEUCUM, *Cirse jaunâtre.* Dec. *Cnicus ochroleucus.* Willd. Fleurs d'un jaune pâle. Juin, juillet. Pâturages et bois humides des montagnes, au bois de Solignac. *Viv.*

4. C. ACAULE, *Cirse nain.* Dec. *Carduus acaulis.* Lin. *Cnicus acaulis.* Roth. Fleurs purpurines, quelquefois blanches. Juillet, août. Les pâturages secs, les bois, bord des champs, à Taulhac, Bauzit, Eycenac. *Viv.*

5. C. ARVENSE, *Cirse des champs.* Dec. *Serratula arvensis.* Lin. *Chardon hémorrhoïdal.* (Tsouschi-do). Fleurs purpurines, rarement blanches. Juin, juillet, août. Très-commun dans les champs, les vignes, au Puy, à Bauzit, Pontempeyras. *Viv.*

1. CARLINA ACANTHIFOLIA, *Carline à feuilles d'acanthe.* Dec.

All. Fl. ped. (Cardou-lio). Fleurs blanches ou presque jaunes. Juillet. Les coteaux, les lieux secs et pierreux des montagnes, au mont Denise, à Bauzit. *Bisan.*

2. C. VULGARIS, *Carline vulgaire.* Dec. Lin. Fleurs blanchâtres ou d'un jaune pâle. Juillet, août, septembre. Commune dans les lieux secs et pierreux, au bord des chemins, des champs, à Bauzit, Taulhac, Ours. *Bisan.*

1. CYNARA SCOLYMUS, B. Lin. *Artichaut.* (Arkitsaou). Fleurs d'un bleu violet. Été. Cultivé. *Viv.*

2. C. CARDUNCULUS. Lin. *Cardon d'Espagne. Carde.* (Car-do). Fleurs d'un bleu violet. Juillet. Cultivé. *Viv.*

1. ONOPORDUM ACANTHIUM, *Onopordone acanthe.* Dec. Lin. *Chardon acanthin, pédane.* Fleurs purpurines, quelquefois blanches. Juin, juillet. Le long des chemins, au bord des champs, à Bauzit. *Bisan.*

1. CONYZA SQUARROSA, *Conyse rude.* Dec. Lin. *Herbe-aux-mouches.* Fleurs d'un jaune blanchâtre. Juillet, août. Les bois, champs secs, bord des chemins, au bois du Séminaire du Puy, au col de la Paille, à Polignac, Ceyssac, Bauzit, Doue, Cussac, Sainte-Sigolène, Langeac. *Viv.*

1. XERANTHEMUM INAPERTUM, *Immortelle fermée.* Dec. Willd. *Xeranthemum annuum*, B. Lin. Fleurs purpurines. Été. Les champs secs, les coteaux, à l'Arbousset, Doue, au mont Brunelet, au col de la Paille *Ann.*

1. EUPATORIUM CANNABINUM, *Eupatoire à feuilles de chanvre.* Dec. Lin. Fleurs purpurines, quelquefois blanches. Juillet, août. Prés humides et marécageux, bord des rivières près du Puy, la Borne, la Loire, le Dolaison, bord de la Dunières, aux Rioux, au bois de la Baume, à Sainte-Sigolène. *Viv.*

1. CACALIA ALBIFRONS. Lin. *Cacalie pétasite, Cacalia petasites.* Dec. Fleurs purpurines. Juillet. Dans les hautes montagnes, aux Estables. *Viv.*

2. C. ALPINA, *Cacalie des Alpes.* Dec. Lin. Var. B. Fleurs purpurines. Juillet. Les hautes montagnes, à l'Ambre, au Mezenc. *Viv.*

1. PETASITES VULGARIS. Desfontaines. *Pétasite, chapelière. Tussilage pétasite.* Dec. *Tussilago petasites.* Lin. Fleurs purpurines. Avril. Les prés humides, près de la Borne au Puy, à Espaly, entre Saint-Ferréol et Aurec. *Viv.*

1. ELYCHRYSUM ARENARIUM, *Élychryse des sables.* Dec. *Gnaphalium arenarium.* Lin. Fleurs jaunes. Juillet, août. Lieux sablonneux, secs et stériles, au pont Salomon. *Viv.*

1. GNAPHALIUM SYLVATICUM, *Gnaphale des bois.* Dec. Lin. Fleurs variées de brun et de blanchâtre. Juin, juillet, août. Pâturages des hautes montagnes, au Mezenc, à Vabrettes près Saint-Jean-Lachalm. *Viv.*

2. G. ULIGINOSUM, *Gnaphale des marais.* Dec. Lin. Fleurs d'un jaune brun. Juillet, août, septembre. Les champs humides, les bois, le bord des fossés, au bois de Taulhac, à Bauzit, au pont de Sumène, à Saint-Quentin, à Costaros. *Ann.*

3. G. DIOICUM, *Gnaphale dioïque.* Dec. Lin. *Pied-de-chat.* Fleurs fertiles pourpres, les stériles blanches. Mai, juin. Pâturages secs des hautes montagnes, au mont Hivernoux près Saint-Hostien, à Riotord, Saint-Romain-Lachalm, au mont Meycezèle près Bizac, à Chacornac, Saint-Paul-de-Tartas, aux monts Mégal et Mezenc. *Viv.*

4. G. ARVENSE, *Gnaphale des champs.* Dec. *Filago arvensis.* Lin. Fleurs blanchâtres. Juin, juillet. Les champs sablonneux, les bois, à la Chartreuse de Charensac, au mont Denise, à Bauzit, Chacornac, Vabrettes, Langeac, aux bois de Taulhac, Doue, Laroche. *Ann.*

5. G. GERMANICUM, *Gnaphale d'Allemagne.* Dec. *Herbe à coton. Filago germanica.* Lin. Fleurs d'un brun blanchâtre. Juillet, août. Coteaux aux environs du Puy. *Ann.*

6. G. MONTANUM. *Gnaphale de montagne.* Dec. Willd. *Filago montana.* Lin. Fleurs d'un brun blanchâtre. Juillet, août. Lieux pierreux et montueux, à Figeon, Bauzit, Tressac, au col de la Paille. *Ann.*

1. ARTEMISIA VULGARIS, *Armoise commune.* Dec. Lin. *Armoise.* Fleurs d'un jaune-roux. Juillet, août. Lieux incultes et pierreux, au bord des chemins, parmi les rochers, au Séminaire du Puy, au-dessous d'Aiguilhe, à Doue, Eycenac, Polignac, Sainte-Sigolène, aux Estables. *Viv.*

2. A. CAMPESTRIS, *Armoise champêtre.* Dec. Lin. Fleurs d'un jaune-verdâtre. Août, septembre. Les lieux secs, pierreux, les rochers, les bois, les murs, au rocher de Corneille, à l'Arbousset, Polignac, Doue. *Viv.*

3. A. ABSINTHIUM, *Armoise absinthe.* Dec. Lin. *Absinthe.* Fleurs d'un jaune-brun. Juillet, août, septembre. Lieux secs, pierreux, incultes et montueux, à Doue, Saint-Blaise, Montbonnet, aux Estables, à la Sauvetat, Saint-Pal-de-Mons. *Viv.*

FAMILLE SOIXANTE-UNIÈME.

LES RADIÉES. (*Tournefort, Loiseleur.*)

1. BELLIS PERENNIS, *Pâquerette vivace.* Dec. Lin. *Pâquerette.* (Pequi-to margueri-to). Fleurs blanches, rouges ou pur-

purines, à disque jaune. Du printemps à l'automne. Très-commune dans les prés, pâturages, au bord des chemins, au Puy, à St.-Hostien, Ste.-Sigolène, la Bajasse près Brioude. *Viv.*

1. MATRICARIA CHAMOMILLA, *Matricaire camomille*. Dec. Lin. *Camomille.* (Los catari-nos, mirou). Fleurs blanches, à disque jaune. Juin, juillet. Dans les champs, les lieux cultivés, sous Aiguilhe, à Bauzit, Saint-Étienne-Lardeyrol. *Ann.*

1. PYRETHRUM MATRICARIA, *Pyrèthre matricaire*. Dec. *Matricaire. Matricaria parthenium.* Lin. (Euï de bioou). Fleurs blanches, à disque jaune. Juin, juillet. Lieux incultes et pierreux, au rocher de Corneille, à celui de Polignac, à Bauzit, Ceyssac, Souchiol, St.-Étienne-Lardeyrol, Ste.-Sigolène. *Bisan.*

2. P. INODORUM, *Pyrèthre inodore*. Dec. *Chrysanthemum inodorum.* Lin. Fleurs blanches, à disque jaune. Juillet, août. Dans les champs, le long des chemins, à Bauzit. *Ann.*

3. P. CORYMBOSUM, *Pyrèthre en corymbe*. Dec. *Chrysanthemum corymbosum.* Lin. Fleurs blanches, à disque jaune. Juin, juillet. Dans les bois montueux, à Doue. *Viv.*

4. P. ALPINUM. *Pyrèthre des Alpes*. Dec: *Chrysanthemum alpinum.* Lin. Fleur blanche, à disque jaune. Août. Les lieux pierreux des montagnes, à Vazeilles près Saugues. *Viv.*

1. CHRYSANTHEMUM LEUCANTHEMUM, *Chrysanthème leucanthème*. Dec. Lin. *Grande marguerite.* Fleurs blanches, à disque jaune Mai, juin. Commune dans les prés, au Puy, à Bauzit, Solignac, Cussac, Craponne. *Viv.*

2. C. MONTANUM. Lin. *Chrysanthème leucanthème*, Var. E. Dec. Fleur blanche, à disque jaune. Mai, juin. Les lieux pierreux, les bois montueux, à Montgiraud, aux bois de Taulhac et de la Crebade. *Viv.*

1. CALENDULA ARVENSIS, *Souci des champs*. Dec. Lin. Fleurs jaunes. Juin, juillet, août. Dans les champs, autour du Puy. *Ann.*

2. C. OFFICINALIS, *Souci des jardins*. Dec. Lin. Fleurs orangées. De juin à octobre. Cultivé. *Ann.*

1. ARNICA MONTANA, *Arnique des montagnes*. Dec. Lin. *Bétoine des montagnes, tabac des Vosges.* Fleurs jaunes. Juin, juillet. Dans les prés des montagnes, au Mezenc, à Craponne, Ponternal, Saint-Romain-Lachalm, Fix. *Viv.*

1. DORONICUM PARDALIANCHES, *Doronic mort-aux-panthères*. Dec. Lin. *Doronic.* Fleurs jaunes. Mai, juin, juillet. Les bois des montagnes, les pâturages élevés, aux bois de Laroche et des Verdoyers, aux monts Mégal et Mezenc, à Sainte-Sigolène. *Viv.*

1. INULA HELENIUM, *Inule aulnée*. Dec. Lin. *Aunée*. *Enula*

campana. Fleurs jaunes. Juillet, août. Les prés, bois humides, à Lachaud de Rougeac, Ancette près de Saint-Julien-d'Ance. *Viv.*

2. I. DYSENTERICA, *Inule dysentérique.* Dec. Lin. *Herbe de Saint-Roch.* Fleurs jaunes. Juillet, août. Les fossés, les lieux humides, à Baubas, au bord de la Semène entre Saint-Ferréol et Aurec. *Viv.*

3. I. SQUARROSA, *Inule roide.* Dec. Lin. Fleurs jaunes. Juin, juillet, août. Dans les bois, les lieux pierreux et secs, au bois de Doue. *Viv.*

1. ERIGERON CANADENSE, *Vergerette du Canada.* Dec. Lin. Fleurs d'un jaune pâle, à disque blanc. Juillet, août, septembre. Les terrains pierreux, les bois, au bord de la Borne sous Aiguilhe, entre Charensac et la Chartreuse, à Langeac, Saint-Arcons-d'Allier. *Ann.*

2. E. ACRE, *Vergerette âcre.* Dec. Lin. Fleurs bleues ou purpurines, à disque jaune. Juin, juillet, août, septembre. Les pelouses sèches, les lieux arides, le bord des chemins, à Espaly, au Collet, à Ours, Bauzit, aux Rioux, à Veneyres, au bois de la Baume, à Bonnefont près Seneujols, à Saint-Roch près Langeac. *Viv.*

1. SOLIDAGO VIRGA AUREA, *Solidage verge-d'or.* Dec. Lin. *Verge d'or.* Fleurs jaunes. Juillet, août, septembre. Les bois, pâturages des montagnes, à Ceyssac, Solignac, au bois de la Baume, à Vazeilles près Saugues, à Bonneville, Saint-Didier-d'Allier. *Viv.*

1. CINERARIA CAMPESTRIS, *Cinéraire des champs.* Dec. Retz. Prod. *Cineraria alpina*, G. Lin. Fleurs jaunes. Juin. Bois humides, prés des montagnes, au bois de Breysse, à la Sauvetat, au Mazel sous Pradelles. *Viv.*

1. SENECIO VULGARIS, *Seneçon commun.* Dec. Lin. *Seneçon.* Fleurs jaunes. Du printemps à l'automne. Très-commun dans les lieux cultivés, au bord des chemins, des haies, au bois du Séminaire du Puy, à Bauzit, Ceyssac, Sainte-Sigolène. *Ann.*

2. S. VISCOSUS, *Seneçon visqueux.* Dec. Lin. Fleurs jaunes. Juillet, août, septembre. Lieux pierreux, bord des bois, près de la Borne au Puy, au mont Denise, à l'Arbousset, Taulhac, Solignac, Saint-Arcons-d'Allier, au bois de la Baume. *Ann.*

3. S. SYLVATICUS, *Seneçon des bois.* Dec. Lin. Fleurs jaunes. Juillet. Les bois taillis, à Laval, Bauzit, Ceyssac. *Ann.*

4. S. ARTEMISIÆFOLIUS, *Seneçon à feuilles d'armoise.* Dec. *Senecio adonidifolius.* Lois. Fl. gall. Fleurs jaunes. Juin, juillet, août. Dans les montagnes, aux bois de Peyredeyre et de Cumignat, à Vabrettes, Pontempeyras, aux Martres près Langeac. *Viv.*

5. S. ERUCIFOLIUS, *Seneçon à feuilles de roquette*. Dec. Lin. Fleurs jaunes. Juillet, août, septembre. Les bois, les lieux montueux, à Ours, aux bois de Doue et de Laroche. *Viv*.

6. S. JACOBÆA, *Seneçon jacobée*. Dec. Lin. *Jacobée*, *herbe Saint-Jacques*. Fleurs jaunes. Juin, juillet, août. Les prés, les bois, au moulin de l'Hôtel-Dieu du Puy, à la Chartreuse de Charensac, à Bauzit, Saint-Blaise, Sainte-Sigolène, au bois de Laroche. *Viv*.

7. S. AQUATICUS, *Seneçon aquatique*. Dec. Huds. Angl. Fleurs jaunes. Juin, juillet, août. Prés humides, bord des ruisseaux, le long de la Borne sous Aiguilhe. *Viv*.

8. S. LEUCOPHYLLUS, *Seneçon à feuilles blanches*. Dec. Fleurs jaunes. Juillet, août. Sur les plus hautes montagnes, au sommet du Mezenc. *Viv*.

Le Mezenc est jusqu'à présent le seul point de l'intérieur de la France où l'on ait trouvé cette belle plante : elle croît sur divers sommets des Pyrénées orientales.

9. S. SARRACENICUS, *Seneçon sarrasin*. Dec. Lin. Fleurs jaunes. Juin, juillet, août. Dans les hautes montagnes, au bois de Bonneville, au Mezenc. *Viv*.

1. TUSSILAGO FARFARA, *Tussilage pas-d'âne*. Dec. Lin. *Tussilage*, *pas-d'âne*. (Pé de pouli). Fleurs jaunes. Mars, avril. Les terrains argileux et humides, au bord de la Borne près du Puy, à Escublas, Ceyssac, Poinsac, Cussac, Sainte-Sigolène, Langeac, au bois de Laroche, au Villard. *Viv*.

1. ANTHEMIS ARVENSIS, *Camomille des champs*. Dec. Lin. Fleurs blanches, à disque jaune. De juin à septembre. Les champs, à Ours, au Monteil, à Saint-Remi, à Saint-Hostien. *Bisan*.

2. A. COTULA, *Camomille cotule*. Dec. Lin. *Maroute*, *camomille puante*. Fleurs blanches, à disque jaune. Mai, juin. Les champs, bord des chemins, Bauzit, Saint-Christophe, Cussac. *Ann*.

3. A. SAXATILIS. Dec. Synop. p. 291. *Camomille de montagne*, B. Dec. Fl. fr. vol. 6. Fleur blanche, à disque jaune. Été. Lieux pierreux, entre le pont de Brives et celui de Villeneuve, à la montagne de Jalor. *Viv*.

1. ACHILLEA MILLEFOLIUM, *Achillée mille-feuille*. Dec. Lin. *Millefeuille*, *herbe au charpentier*. Fleurs blanches ou purpurines. Été. Commune dans les pâturages, au bord des champs, des chemins, aux environs du Puy, Sainte-Sigolène. *Viv*.

2. A. PTARMICA, *Achillée sternutatoire*. Dec. Lin. *Herbe à éternuer*, *bouton d'argent*. Fleurs blanches. Juin. Dans les prés humides, à Orzilhac, la Chapellette près St.-Julien-Chapteuil, Laussonne, Allentin, Langeac. *Viv*.

1. HELIANTHUS ANNUUS, *Hélianthe annuel.* Dec. Lin. *Soleil.* (Tourno-sol). Fleurs jaunes. Juillet, août. Cultivé. *Ann.*

2. H. TUBEROSUS, *Hélianthe tubereux.* Dec. Lin. *Topinambour.* Fleurs jaunes. Septembre, octobre. Cultivé. *Viv.*

1. BIDENS TRIPARTITA, *Bident aquatique.* Dec. Lin. *Chanvre aquatique, cornuet.* Fleurs d'un jaune brun. Juillet, août. Les fossés, lieux aquatiques, aux bords de la Borne, fossé longeant le chemin du Puy à Vals. *Ann.*

CLASSE DOUZIÈME.

DICOTYLÉDONES DIPÉRIANTHÉES POLYPÉTALÉES INFEROVARIÉES.

FAMILLE SOIXANTE-DEUXIÈME.

LES OMBELLIFÈRES. (*Jussieu.*)

1. SCANDIX PECTEN, *Scandix peigne de Vénus.* Dec. Lin. *Peigne de Vénus, aiguille de berger.* Fleurs blanches. Été. Très-commun dans les moissons *Ann.*

1. CHÆROPHYLLUM SYLVESTRE, *Cerfeuil sauvage.* Dec. Lin. *Persil d'âne.* Fleurs blanches. Été. Dans les prés, les haies, les champs. *Viv.*

2. C. HIRSUTUM, *Cerfeuil hérissé.* Dec. Lin. Fleurs blanches. Juin. Les lieux humides des montagnes, à Vachères. *Viv.*

3. C. ODORATUM, *Cerfeuil odorant.* Dec. *Scandix odorata.* Lin. *Cerfeuil musqué.* Fleurs blanches. Mai, juin. Cultivé et presque naturalisé dans les jardins. *Viv.*

4. C. SATIVUM, *Cerfeuil cultivé.* Dec. *Scandix cerefolium.* Lin. (Sorfeuï). Fleurs blanches. Été. Cultivé dans les jardins et s'y reproduisant spontanément. *Ann.*

1. PIMPINELLA SAXIFRAGA, *Boucage saxifrage.* Dec. Lin. *Petit boucage.* Fleurs blanches. Été. Les prés secs, les lieux arides, les montagnes, au bord des bois, à Bauzit, Laroche. *Viv.*

1. APIUM PETROSELINUM, *Ache persil.* Dec. Lin. *Persil.* (Porchi). Fleurs blanchâtres. Été. Cultivé. *Bisan.*

2. A. GRAVEOLENS, B. Lin. *Ache odorante*, B. Dec. *Céleri.* (Eïreceë). Fleurs d'un jaune pâle. Été. Cultivé. *Bisan.*

1. ANETHUM FŒNICULUM, *Anet fenouil.* Dec. Lin. *Fenouil, anis doux.* Fleurs jaunes. Juillet, août, septembre. Les lieux

pierreux, les murs, les rochers, au vignoble de Chausson près du Puy. *Viv.*

1. LASERPITIUM LATIFOLIUM, *Laser à larges feuilles.* Dec. Lin. Fleurs blanches. Juin, juillet. Les bois montueux, celui de Laroche. *Viv.*

1. BUPLEVRUM ROTUNDIFOLIUM, *Buplèvre à feuilles arrondies.* Dec. Lin. *Perce-feuille.* Fleurs jaunes. Juin, juillet. Les champs, terrains secs, à Cussac, aux Estreix, au bois de Chaumazel. *Viv.*

2. B. FALCATUM, *Buplèvre en faulx.* Dec. Lin. *Oreille de lièvre.* Fleurs jaunes. De juillet à octobre. Lieux rudes et pierreux, au bord des bois, à Montgiraud, au Collet, à Doue, Espaly, au bois du Séminaire du Puy, de Farges, Laroche, Ceyssac, de la Baume, des Rioux. *Viv.*

1. ŒNANTHE FISTULOSA, *Œnanthe fistuleuse.* Dec. Lin. *Filipendule aquatique.* Fleurs blanches. Juin, juillet, août. Dans les marais, à la fontaine de Marminiac. *Viv.*

1. SESELI ANNUUM, *Séséli annuel.* Dec. Lin. Fleurs blanches. Juillet, août. Les lieux montueux, les rochers, à l'Arbousset. *Ann.*

2. S. CARVI, *Séséli carvi.* Dec. *Carum carvi.* Lin. *Carvi.* Fleurs blanches. Été. Les prés montagneux, les haies, à Bauzit. *Bisan.*

1. ÆTHUSA CYNAPIUM, *Æthuse ache-des-chiens.* Dec. Lin. *Petite ciguë.* (Sorfeuï bastar.) Fleurs blanches. Juillet, août. Dans les jardins. *Ann.*

1. CORIANDRUM SATIVUM, *Coriandre cultivée.* Dec. Lin. *Coriandre.* Fleurs blanches, légèrement purpurines. Juin, juillet. Les lieux cultivés, les jardins, où elle s'est presque naturalisée. *Ann.*

1. SELINUM OREOSELINUM, *Sélin de montagne.* Dec. *Athamanta oreoselinum.* Lin. *Persil de montagne.* Fleurs blanches. Juillet, août. Les bois, les lieux montueux, à l'Arbousset. *Viv.*

1. SIUM NODIFLORUM, *Berle à ombelles sessiles.* Dec. Lin. Fleurs blanches. Été. Les fossés, les ruisseaux, la fontaine de Marminiac. *Viv.*

2. S. SISARUM, *Berle chervi.* Dec. Lin. *Chervi.* (Dgiro-lo.) Fleurs blanches. Cultivé. *Viv.*

3. S. FALCARIA, *Berle faucille.* Dec. Lin. Fleurs blanches. Juillet, août, septembre. Au bord des champs, des haies, à Vals, Saint-Marcel. *Viv.*

4. S. VERTICILLATUM, *Berle verticillée.* Dec. *Sison verticillatum.* Lin. Fleurs blanches. Juillet, août. Les prés humides, au pont Salomon. *Viv.*

1. Bunium bulbocastanum, *Bunium noix de terre.* Dec. Lin. *Terre-noix.* (Anieucé). Fleurs blanches. Mai, juin. Les champs, les pâturages un peu humides, au Puy, à Espaly, la Bernarde, Bauzit, Sainte-Sigolène. *Viv.*

2. B. denudatum, *Bunium sans collerette.* Dec. *Bunium majus.* Gouan. Fleurs blanches. Juin, juillet. Mêmes lieux que la précédente espèce. *Viv.*

1. Heracleum sphondylium, *Berce branc-ursine.* Dec. Lin. *Branc-ursine*, *acanthe d'Allemagne.* (Coucu-do, coumuna-sso.) Fleurs blanches. Été. Les prés humides, au Puy, à Vals, Espaly, Manibrand, Sainte-Sigolène. *Viv.*

1. Pastinaca sativa, A. *sylvestris.* Lin. Panais cultivé, A. Dec. Fleurs jaunes. Juin, juillet, août. Lieux incultes, le long des haies, des chemins, au rocher de Ceyssac, au vignoble de Chausson, au pied du mont Denise, aux Rioux. *Bisan.* La variété B. est cultivée dans les jardins.

1. Imperatoria ostruthium, *Impératoire ostruthium.* Dec. Lin. *Impératoire.* Fleurs blanches. Juillet, août. Les Lieux ombragés, les prés, le long de la Borne au Puy, à Sainte-Sigolène. *Viv.*

2. I. sylvestris, *Impératoire sauvage.* Dec. *Angelica sylvestris.* Lin. *Angélique sauvage.* Fleurs d'un blanc rosé. Juillet, août. Au bord des ruisseaux et dans les lieux humides, à Bauzit, Ceyssac, Sainte-Sigolène. *Viv.*

1. Angelica levisticum, *Angélique livèche*, Dec. *Ligusticum levisticum.* Lin. *Ache de montagne.* (A-pi.) Fleurs jaunes. Juin. Cultivée dans les jardins, où elle semble s'être naturalisée. *Viv.*

1. Ligusticum meum, *Livèche meum.* Dec. *Athamanta meum.* Lin. (Lou Chis-trë). Fleurs blanches. Juin, juillet. Les pâturages des hautes montagnes, au pied du Mezenc, à Chaudeyrolles, Fay-le-Froid, Andrillon près de Grazac, Sainte-Sigolène. *Viv.*

1. Cicuta major, *Ciguë commune.* Dec. *Conium maculatum.* Lin. *Grande ciguë.* Fleurs blanches. Juin, juillet. Les haies, les terrains un peu humides, les décombres, à Aiguilhe, Bauzit, Polignac, à Saint-Just, Sainte-Sigolène. *Bisan.*

1. Astrantia major, *Astrance à grandes feuilles.* Dec. Lin. Fleurs blanches, un peu pourpres. Juin, juillet. Dans les pâturages des montagnes, au bois des Verdoyers près de Bessamorel. *Viv.*

1. Sanicula europæa, *Sanicle d'Europe.* Dec. Lin. *Sanicle.* Fleurs blanches. Juin. Bois ombragés, à Doue, au bois de Bar près d'Allègre, à celui de Bonneville. *Viv.*

1. DAUCUS CAROTA, *Carotte commune*. Dec. Lin. *Carotte*. (Pestena-lio saouva-dzo). Fleurs blanches ou rougeâtres. Été. Les prés, les champs, au Puy, à Chadrac. *Bisan*. On en cultive deux variétés : l'une à racine jaune (Pestena-lio), l'autre à racine rouge (Pestena-lio rou-dgeo).

1. CAUCALIS GRANDIFLORA, *Caucalide à grandes fleurs*. Dec. Lin. Fleurs blanches. Juin, juillet. Parmi les moissons, dans les champs, au Puy. *Ann*.

2. C. LATIFOLIA, *Caucalide à larges feuilles*. Dec. Lin. Fleurs rougeâtres. Juin, juillet. Dans les champs, parmi les moissons, à Bauzit, aux Estreix. *Ann*.

3. C. DAUCOIDES, *Caucalide à feuilles de carotte*. Dec. Lin. Fleurs blanches-violettes. Juin, juillet. Parmi les moissons, dans les vignes, au Puy, à Beaurepaire. *Ann*.

4. C. ARVENSIS, *Caucalide des champs*. Dec. Lin. Fleurs blanches. Juillet. Les lieux rocailleux, le bord des chemins, à l'Arbousset. *Ann*.

5. C. ANTHRISCUS, *Caucalide anthrisque*. Dec. *Tordylium anthriscus*. Lin. Fleurs rougeâtres ou blanchâtres. Juillet, août. Au bord des champs, dans les haies, à Cussac, Bauzit. *Ann*.

6. C. PARVIFLORA, *Caucalide à petite fleur*. Dec. *Caucalis leptophylla*. Lin. Fleurs blanches, parfois teintes de pourpre. Juin. Dans les champs, les lieux stériles, au Villard. *Ann*.

---

1. ERYNGIUM CAMPESTRE, *Panicaut des champs*. Dec. Lin. *Panicaut, chardon-roland*. Fleurs blanchâtres. Août, septembre. Le long des chemins et dans les lieux incultes, au Puy, à Sainte-Sigolène. *Viv*.

FAMILLE SOIXANTE-TROISIÈME.

LES ONAGRÉES. (*Jussieu*.)

1. ŒNOTHERA BIENNIS, *Onagre bisannuelle*. Dec. Lin. *Onagre, herbe aux ânes*. Fleurs jaunes. Été. Au bord des rivières, près du pont de Borne au Puy. *Bisan*. Cultivée dans les jardins.

1. EPILOBIUM SPICATUM, *Épilobe à épi*. Dec. *Epilobium angustifolium*. Lin. *Osier Saint-Antoine, laurier Saint-Antoine*. Fleurs purpurines. Juin, juillet. Les bois montueux, ceux de Barret, de Solignac, du Villard, de Saint-Hostien. *Viv*.

2. E. HIRSUTUM, *Épilobe hérissé*. Dec. Lin. Fleurs purpurines. Juin, juillet. Au bord des eaux, dans les lieux humides, au bord de la Borne et du Dolaison au Puy, à la Bernarde, aux bois des Rioux, de Solignac, de la Baume. *Viv*.

3. E. MOLLE, *Épilobe mollet*. Dec. *Epilobium hirsutum*, B.

Lin. Fleurs d'un pourpre clair. Juin, juillet. Lieux humides, au bois de Laroche, aux Estables. *Viv.*

4. E. MONTANUM, *Épilobe de montagne.* Dec. Lin. Fleurs roses. Été. Les bois montueux, ceux du Séminaire du Puy, de Doue, de Bauzit, de Laroche, de Jalor, à Pissevieille, Vazeilles près Saugues. *Viv.*

5. E. ROSEUM, *Épilobe rose.* Dec. Roth. Germ. Fleurs d'un rose pâle. Été. Lieux humides, fossé du chemin du Puy à Vals. *Viv.*

6. E. TETRAGONUM, *Épilobe tétragone.* Dec. Lin. Fleurs roses. Été. Les bois, les lieux humides, au bois de Laroche, au Mas sous Sanssac, aux Estables. *Viv.*

7. E. PALUSTRE, *Épilobe des marais.* Dec. Lin. Fleurs d'un rose pâle. Juillet, août. Bord des fossés, rigoles des prés, à Bauzit, Bonneville. *Viv.*

8. E. ORIGANIFOLIUM. Lam. Dict. *Épilobe à feuilles d'origan.* Dec. Fleurs purpurines. Juillet. Au bord des ruisseaux, des fontaines, au bois de Barret sous Sanssac. *Viv.*

9. E. ALPINUM, *Épilobe des Alpes.* Dec. Lin. Fleurs purpurines. Juillet. Dans les montagnes les plus élevées, entre le mont Mezenc et Bonnefoi. *Viv.*

1. CIRCÆA LUTETIANA, *Circée de Paris.* Dec. Lin. *Circée, herbe aux sorciers, herbe de Saint-Étienne.* Fleurs rosées, quelquefois entièrement blanches. Juillet, août. Dans les bois ombragés et un peu humides, au bord d'un ruisseau sous Solignac, à Saint-Didier-d'Allier près du confluent d'un ruisseau avec l'Allier. *Viv.*

2. C. ALPINA, *Circée des Alpes* Dec. Lin. Fleurs couleur de chair ou blanches. Juillet, août. Les bois humides et ombragés des hautes montagnes, à la cascade de la Baume, à Bonneville. *Viv.*

FAMILLE SOIXANTE-QUATRIÈME.

LES GROSSULARIÉES. (*Jussieu.*)

1. RIBES ALPINUM, *Groseiller des Alpes.* Dec. Lin. (Los grouzé-los de Nos-tro-Da-mo). Fleurs d'un vert blanchâtre. Avril, mai. Les haies, les bois, au rocher de Corneille, à Ceyssac, Allentin, au bois de Laroche. *Lign.*

2. R. UVA CRISPA, *Groseiller piquant.* Dec. Lam. Dict. (Grouselié). Fleurs d'un blanc sale. Mars, avril. Commun dans les lieux pierreux, incultes, les haies. *Lign.*

On en cultive une variété à fruits plus gros, rouges ou d'un blanc-jaunâtre : *Ribes grossularia.* Lin. *Groseiller à maquereaux.*

3. R. RUBRUM, *Groseiller rouge.* Dec. Lin. (Spi-no vinë-to). Fleurs d'un blanc jaunâtre ou verdâtre. Avril. Cultivé. *Lign.*

1. Hedera helix, *Lierre rampant.* Dec. Lin. *Lierre.* (Feu-lio de Lë-bro). Fleurs d'un vert jaunâtre. Septembre, octobre. Les bois, les haies, contre les vieux murs, au rocher de Corneille, à Ours, aux bois de Bauzit et de Laroche. *Lign.*

1. Cornus sanguinea, *Cornouiller sanguin.* Dec. Lin. Fleurs blanches. Mai, juin. Dans les haies, les bois, ceux de Viaye et de Laroche, au Puy, à Bauzit, Ceyssac, Doue, Jandriac, Clissac, Mounets, Saint-Hostien, Maubrand. *Lign.*

FAMILLE SOIXANTE-CINQUIÈME.

LES LORANTHÉES. (*Jussieu.*)

1. Viscum album, *Guy à fruits blancs.* Dec. Lin. *Gui, gui de chêne, guy.* Fleurs jaunâtres. Mars, avril. Sur les vieux arbres, à Lavoûte-sur-Loire, à la Planche près de Grazac. *Lign.*

FAMILLE SOIXANTE-SIXIÈME.

LES POMACÉES. (*Loiseleur* et *Marquis.*)

1. Malus communis, *Pommier commun*, A. Dec. *Pyrus malus.* Lin. *Pommier sauvage.* (Poumié saouva-dzë). Fleurs blanches, mêlées de rose. Avril. Les bois, les haies, à Bauzit. *Lign.*

On en cultive plusieurs variétés, dont les fruits sont agréables à manger.

1. Pyrus communis, *Poirier commun*, A. Dec. Lin. *Poirier sauvageon.* (Përié saouva-dzë). Fleurs blanches. Avril. Les bois, les haies, au bois de Laroche, à Bauzit. *Lign.*

On en cultive un grand nombre de variétés, qui donnent d'excellens fruits.

2. P. cydonia, *Poirier coignassier.* Dec. Lin. *Coignassier.* (Coudougnié.) Fleurs blanches, mêlées de rose. Avril, mai. Dans les haies, les vignes, tous les vignobles autour du Puy. *Lign.*

1. Sorbus aucuparia, *Sorbier des oiseleurs.* Dec. Lin. *Sorbier des oiseaux.* (Taourié). Fleurs blanches. Mai. Dans les bois, à Bauzit, au Séminaire du Puy, à Laroche, Béthe, Mounets, Sainte-Sigolène, au mont Mégal. *Lign.*

1. Cratægus aria, *Alisier allouchier.* Dec. Lin. *Alisier, allouchier.* (Avidgié.) Fleurs blanches. Mai. Les coteaux, les bois, à Bauzit, Doue, au bois du Séminaire du Puy, dans ceux de la Bernarde, Ceyssac, Laroche. *Lign.*

2. C. TORMINALIS, *Alisier anti-dyssentérique*. Dec. Lin. Fleurs blanches. Mai. Dans les bois, à Doue, à Carlet entre Coubon et Chadron. *Lign.*

3. C. AMELANCHIER, *Alisier amélanchier*. Dec. *Mespilus amelanchier*. Lin. *Amélanchier*. Fleurs d'un blanc jaunâtre. Avril, mai. Dans les bois, ceux de Doue, de Laroche, de Veneyres, du Villard, du Pertuis. *Lign.*

1. MESPILUS GERMANICA, *Néflier d'Allemagne*. Dec. Lin. (Nesplié.) Fleurs blanches, ou un peu rougeâtres. Mai. Les haies, le bord des vignes, aux Estreix, les vignobles autour du Puy, à Sainte-Sigolène. *Lign.*

2. M. OXYACANTHA, *Néflier aubépine*. Dec. *Cratægus oxyacantha* Lin. *Aube-épine*, *noble-épine*, *épine-blanche*. (Senelié.) Fleurs blanches. Mai. Les bois, les haies, au Puy, à Bauzit, Bains, Mounets. *Lign.*

3. M. COTONEASTER, *Néflier cotonnier*. Dec. Lin. Fleurs d'un blanc verdâtre. Avril, mai. Dans les bois montueux, ceux du Séminaire du Puy, de Ceyssac, Laroche, la Bernarde. *Lign.*

CLASSE TREIZIÈME.

DICOTYLÉDONES DIPÉRIANTHÉES POLYPÉTALÉES SUPEROVARIÉES.

FAMILLE SOIXANTE-SEPTIÈME.

LES STATICÉES. (*Loiseleur.*)

1. STATICE PLANTAGINEA, *Statice à feuilles de plantain*. Dec. All. Fl. ped. Fleurs roses. Juillet, août, septembre. Les lieux secs, à Vals, Chadrac, Doue, Solignac, Viaye, au Collet. *Viv.*

FAMILLE SOIXANTE-HUITIÈME.

LES PARONYCHIÉES. (A. *Saint-Hilaire.*)

1. HERNIARIA GLABRA, *Herniaire glabre*. Dec. Lin. *Herniaire*, *herniole*, *turquette*. Fleurs verdâtres. Juillet, août, septembre. Les lieux sablonneux, au bord de la Loire, à Cussac, Jandriac, Roche-Besseyre près Langeac, au bord de l'étang de Costaros. *Viv.*

2. H. HIRSUTA, *Herniaire velue*. Dec. Lin. Fleurs verdâtres. Juillet, août, septembre. Les champs, lieux sablonneux, au bord du chemin de Langeac à Chanteuges près de la carrière de grès. *Viv.*

1. Corrigiola littoralis, *Corrigiole des rives.* Dec. Lin. Fleurs blanches. De juillet à octobre. Les lieux sablonneux et humides, au bord des rivières, des fossés, au pont de Villeneuve près de Brives, à Cussac, près du pont de Sumène, au-delà de Blavozy. *Ann.*

FAMILLE SOIXANTE-NEUVIÈME.

LES VITICÉES. (*Lamarck.*)

1. Vitis vinifera, *Vigne porte-vin.* Dec. Lin. *Vigne.* Fleurs verdâtres. Juin, juillet. Cultivée dans un grand nombre de coteaux sur la Loire, l'Allier, la Borne, le Dolaison. *Lign.*

FAMILLE SOIXANTE-DIXIÈME.

LES RHAMNÉES. (*Jussieu.*)

1. Rhamnus catharticus, *Nerprun purgatif.* Dec. Lin. *Nerprun, noirprun.* (Enpuden). Fleurs verdâtres. Mai, juin. Les bois, les haies, à Doue, Bauzit, Sainte-Sigolène. *Lign.*

1. Ilex aquifolium, *Houx commun.* Dec. Lin. *Houx.* Fleurs blanchâtres. Mai. Dans les bois, les haies, au rocher de Corneille, aux bois de Doue, de Jalor, de la Vésole près Saint-Hostien, à Fay près de Bains, à Sainte-Sigolène, à Tence. *Lign.*

1. Evonymus europæus, *Fusain commun.* Dec. Lin. *Fusain, bonnet de prêtre.* Fleurs blanchâtres. Mai, juin. Les bois, les haies, les buissons, aux bois de Doue, de Laroche, de Solignac, au Puy, à Bauzit, à Manibrand. *Lign.*

FAMILLE SOIXANTE-ONZIÈME.

LES BERBÉRIDÉES. (*Jussieu.*)

1. Berberis vulgaris, *Vinettier commun.* Dec. Lin. *Épine-vinette.* Fleurs jaunes. Mai. Les haies, les buissons, au vignoble de Chausson près du Puy, à celui de Taulhac, à Emblavès. *Lign.*

FAMILLE SOIXANTE-DOUZIÈME.

LES CRUCIFÈRES. (*Jussieu.*)

SILIQUEUSES.

1. Raphanus sativus, *Radis cultivé.* Dec. Lin. *Petite rave.* Fleurs blanches ou pourpres. Juin, juillet. Cultivé. *Ann.*

2. R. raphanistrum, *Radis sauvage.* Dec. Lin. *Ravenelle.*

Fleurs jaunes ou blanches, veinées de violet. Mai, juin. Dans les moissons, au Puy, à Espaly, Bauzit, Sainte-Sigolène. *Ann.*

1. BRASSICA OLERACEA, *Chou potager.* Dec. Lin. *Chou.* Fleurs d'un jaune clair. Avril, mai, juin. On cultive ses diverses variétés, telles que le chou vert (tsaou-verd), le chou pommé (tsaou-cabu), le chou pancalier (tsaou-d'oli), le chou-fleur (tsaou-flour), le chou-brocolis (brocoli), le chou-rave (tsaou-ra-bo), et le chou-navet (tsaou-navé). *Bisan.*

2. B. PERFOLIATA, *Chou perce-feuille.* Dec. *Brassica orientalis.* Lin. Fleurs d'un blanc un peu jaunâtre. Mai, juin. Dans les champs, les bois taillis, à Espaly, au Monteil, au Villard, au bois de Jandriac. *Ann.*

3. B. CAMPESTRIS. Lin. *Colsat.* Lois. Fl. gall. Fleurs jaunes. Juin. Cultivé pour l'huile qu'on retire de ses graines. *Ann.*

4. B. NAPUS. Lin. *Navet.* Lois. Mérat, Fl. par. Fleurs jaunes. Mai. Dans les champs, parmi les moissons, à Guittard. *Bisan.* Cultivé comme aliment.

5. B. RAPA. Lin. *Rave*, *rabioule*, *grosse rave.* Lois. Mérat, Dec. (Ra-bo). Fleurs jaunes. Avril, mai. Cultivée pour la nourriture des bestiaux, et même pour l'usage de la cuisine. *Bisan.*

6. B. ERUCA, *Chou roquette.* Dec. Lin. *Roquette.* Fleurs d'un jaune pâle, marquées de veines violettes. Juin. Cultivée comme assaisonnement. *Ann.*

1. SINAPIS ARVENSIS, *Moutarde des champs.* Dec. Lin. *Moutarde sauvage*, *sénevé.* Fleurs jaunes. Mai, juin. Dans les champs, parmi les moissons, au Puy, à Espaly, Pissevieille, Polignac. *Ann.*

1. SISYMBRIUM NASTURTIUM, *Sisymbre cresson.* Dec. Lin. *Cresson de fontaine.* (Creïssou). Fleurs blanches. Juin, juillet, août. Les fontaines, les ruisseaux, les fossés, au bord du Dolaison au Puy, à Audinet, Bauzit, Cussac, Sainte-Sigolène, aux Estables. *Viv.*

2. S. SYLVESTRE, *Sisymbre sauvage.* Dec. Lin. Fleurs d'un jaune vif. Mai, juin, juillet. Au bord des rivières, des ruisseaux, parmi les graviers, au bord de la Borne à Montgiraud. *Viv.*

3. S. PALUSTRE, *Sisymbre des marais.* Dec. Willd. Fleurs jaunes. Juin, juillet. Les lieux humides, bord des rivières et des fossés, le long de la Borne au pont d'Aiguilhe. *Ann.*

4. S. AMPHIBIUM, *Sisymbre amphibie.* Dec. Lin. Fleurs jaunes. Juin. Au bord des rivières, des ruisseaux, au bord de la Borne près du Puy. *Viv.*

5. S. SOPHIA, *Sisymbre sagesse.* Dec. Lin. *Sagesse des Chirurgiens*, *talictron.* Fleurs jaunes. Avril, mai, juin. Sur les murs, dans les lieux incultes, les décombres, au bord des chemins, au Puy, au Séminaire, au pont d'Estrouilhas, parmi les ruines des châteaux de Polignac et de Solignac. *Ann.*

6. S. OFFICINALE, *Sisymbre officinal.* Dec. *Erysimum officinale.* Lin. *Velar, tortelle, herbe au chantre.* Fleurs jaunes. Mai, juin, juillet. Commun le long des chemins, dans les lieux incultes, les décombres, au Puy, à Bauzit, Sainte-Sigolène. *Ann.*

1. HESPERIS INODORA, *Julienne inodore.* Dec. Lin. Fleurs purpurines. Mai. Dans les bois, celui du Séminaire du Puy, ceux de Sainte-Sigolène. *Viv.*

Cette plante n'avait été considérée par quelques botanistes modernes que comme une variété de l'*Hesperis matronalis*, Julienne des dames (Dgirar-do), cultivée dans les jardins; mais il a été reconnu qu'on devait les séparer et en former, comme l'a fait Linné, deux espèces à part.

2. H. ALLIARIA, *Julienne alliaire*, Dec. *Erysimum alliaria.* Lin. *Alliaire.* Fleurs blanches. Mai. Les haies, les lieux ombragés, au bois du Séminaire du Puy, aux rives de la Borne, à Bauzit, Sainte-Sigolène. *Bisan.*

1. CHEIRANTHUS CHEIRI, *Giroflée violier.* Dec. Lin. *Violier jaune, ravenelle, giroflée jaune.* Fleurs d'un jaune rouillé. Mars, avril, mai. Sur les murs, les toits, les rochers, sur ceux de Corneille et de Saint-Michel, à Sainte-Sigolène. *Viv.*

1. ERYSIMUM BARBAREA, *Velar de Sainte-Barbe.* Dec. Lin. *Herbe de Sainte-Barbe, julienne jaune.* Fleurs jaunes. Avril, mai, juin. Les prés, les fossés humides, le bord des rivières, à Aiguilhe, Espaly, Pissevieille, Bauzit. *Viv.*

On en cultive une variété, à fleurs doubles, connue sous le nom de *Dgirar-do dzaou-no.*

1. ARABIS THALIANA, *Arabette de Thalius.* Dec. Lin. *Arabette des dames.* Fleurs blanches. Avril, mai. Les terrains secs et sablonneux, au vignoble de Chausson, à Bauzit, Solignac. *Ann.*

2. A. PERFOLIATA, *Arabette enfilée.* Dec. *Turritis glabra.* Lin. *Tourette glabre.* Fleurs d'un jaune blanchâtre. Mai. Les pâturages secs et pierreux, au rocher de Corneille, à Bauzit, à Priauret. *Bisan.*

3. A. TURRITA, *Arabette tourette.* Dec. Lin. *Chou bâtard.* Fleurs d'un jaune blanchâtre. Mai, juin. Les haies, les lieux ombragés, sous Aiguilhe. *Viv.*

1. CARDAMINE PRATENSIS, *Cardamine des prés.* Dec. Lin. *Cresson élégant, cresson des prés.* Fleurs d'un violet clair ou blanches. Avril, mai, juin. Dans les prés, au Puy, à Bauzit, Ceyssac, Solignac, Masigone, Sainte-Sigolène, à Chassagnon près de Mazeyrat-Crispinhac, aux Estables. *Viv.*

2. C. AMARA, *Cardamine amère.* Dec. Lin. Fleurs blanches. Avril, mai. Prés humides et ombragés, au Puy. *Viv.*

3. C. HIRSUTA, *Cardamine velue.* Dec. Lin. Fleurs blanches.

Mars, avril. Lieux humides et ombragés, au bord de la Borne et du Dolaison au Puy, à Espaly, entre Vals et Laval. *Ann.*

4. C. IMPATIENS, *Cardamine impatiente.* Dec. Lin. Fleurs blanches. Mai. Lieux humides et ombragés, aux prés du faubourg Saint-Jean du Puy. *Bisan.*

1. DENTARIA DIGITATA, *Dentaire digitée.* Dec. *Dentaria pentaphyllos.* Lin. Fleurs blanches, quelquefois pourpres ou violettes. Juin. Les bois montagneux, au bois des Verdoyers près de Manibrand. *Viv.*

SILICULEUSES.

1. ALYSSUM CALYCINUM, *Alysson calicinal.* Dec. Lin. Fleurs d'un jaune tendre, blanchissant ensuite. Avril, mai, juin. Lieux secs et pierreux, bord des champs, au Puy, à Bauzit, Polignac, Bouteyre, entre Coubon et Souchiol, aux Uffernets, à Sainte-Sigolène. *Ann.*

2. A. MONTANUM, *Alysson de montagne.* Dec. Lin. Fleurs jaunes. Mai, juin. Les lieux secs des montagnes, au bois de Veneyres près de Cussac. *Viv.*

1. DRABA VERNA, *Drave printanière.* Dec. Lin. Fleurs blanches. Mars, avril. Sur les rochers, les vieux murs, les terrains secs et arides, au rocher de Saint-Michel, à Chauras, Bauzit, Solignac, Sainte-Sigolène, au Villard. *Ann.*

1. MYAGRUM SATIVUM, *Caméline cultivée.* Dec. Lin. Fleurs blanchâtres. Juin, juillet. Parmi les moissons, dans les champs au-dessous du chemin du Puy à Espaly. *Ann.*

1. COCHLEARIA DRABA, *Cranson drave.* Dec. Lin. *Lepidium draba.* Mérat. Fleurs blanches. Mai, juin. Au bord des champs, des prés, le long de la Borne sous Aiguilhe. *Viv.*

2. C. OFFICINALIS, *Cranson officinal.* Dec. Lin. Fleurs blanches. Mai, juin. Les lieux humides, les fossés, le bord des ruisseaux, à Sainte-Sigolène. *Bisan.*

1. THLASPI ARVENSE, *Tabouret des champs.* Dec. Lin. *Monnoyère.* Fleurs blanches. Mai, juin. Les champs, les vignes, autour du Puy, à Vals, Laval. *Ann.*

2. T. ALLIACEUM, *Tabouret à odeur d'ail.* Dec. Lin. Fleurs blanches. Mai, juin. Dans les champs, les jardins, au Puy, à Bauzit. *Ann.*

3. T. CAMPESTRE, *Tabouret des campagnes.* Dec. Lin. Fleurs blanches. Mai, juin. Au bord des champs, le long des chemins, à la Bernarde, Bauzit. *Ann.*

4. T. MONTANUM, *Tabouret de montagne.* Dec. Lin. Fleurs

blanches. Avril. Dans les pâturages secs des montagnes, à Laroche. *Viv.*

5. T. PERFOLIATUM, *Tabouret enfilé*. Dec. Lin. Fleurs blanches. Avril, mai. Les champs et les prairies pierreuses, à Bauzit. *Ann.*

6. T. BURSA PASTORIS, *Tabouret bourse à pasteur*. Dec. Lin. *Bourse à pasteur*, *boursette*. Fleurs blanches. Depuis le printemps jusqu'en automne. Les champs, les prés, autour des habitations. Commun. *Ann.*

1. GUEPINIA LEPIDIUM, *Guépinie passerage*. Dec. Desvaux, Pl. d'Angers. *Lepidium nudicaule*. Lin. Fleurs blanches. Mai, juin. Lieux sablonneux et stériles, bois peu garnis, au mont Chifourtou près de Bonneville. *Ann.*

1. IBERIS AMARA, *Ibéride amère*. Dec. Lin. Fleurs blanches, un peu pourpres. Mai, juin, juillet. Dans les champs, parmi les moissons, autour du Puy. *Ann.*

1. BISCUTELLA LÆVIGATA, *Lunetière lisse*. Dec. Lin. Fleurs d'un jaune pâle. Juin, juillet. Les lieux stériles et pierreux, au mont Denise, au sommet du Mezenc. *Viv.*

1. LEPIDIUM IBERIS, *Passerage ibéride*. Dec. Lin. *Petit passerage*, *nasitor sauvage*. Fleurs blanches. De juin à septembre. Le long des chemins, les lieux pierreux, au jardin de l'Hôpital-général du Puy et sous l'enclos du Séminaire, bord des vignes du pont de Borne, au chemin du Puy à Cheyrac. *Viv.*

2. L. SATIVUM. Lin. *Tabouret cresson-alenois*, *Thlaspi sativum*. Dec. *Cresson alenois*, *nasitor*. (Rouquë-to). Fleurs blanches. Mai, juin. Cultivé dans les potagers et s'y ressemant souvent de lui-même. *Ann.*

1. BUNIAS ERUCAGO, *Bunias fausse-roquette*. Dec. Lin. *Masse au bedeau*. Fleurs jaunes. Mai, juin. Dans les champs, entre la Chomette et Lavoûte-Chillac. *Ann.*

2. B. PANICULATA, *Bunias en panicule*. Dec. *Myagrum paniculatum*. Lin. *Neslia paniculata*. Desvaux. Fleurs d'un jaune clair. Mai, juin, juillet. Dans les moissons, les champs autour du Puy, à Guittard, Pissevieille, Vals, Beaurepaire, au Mas sous Saussac. *Ann.*

FAMILLE SOIXANTE-TREIZIÈME.

LES RUTACÉES. (*Jussieu.*)

1. RUTA GRAVEOLENS, *Rue fétide*. Dec. Lin. *Rue*. (Ru-do). Fleurs d'un jaune verdâtre. Juillet, août. Cultivée. *Viv.*

FAMILLE SOIXANTE-QUATORZIÈME.

LES ACÉRINÉES. (*Jussieu.*)

1. ACER CAMPESTRE, *Érable champêtre*. Dec. Lin. *Érable*. (Avasa-brë). Fleurs d'un vert jaunâtre. Avril, mai. Les haies, les bois, à Bauzit, Montgiraud, Clissac, Sainte-Sigolène. *Lign.*

2. A. PSEUDO-PLATANUS, *Érable sycomore*. Dec. Lin. *Sycomore*. Fleurs d'un vert jaunâtre. Avril. Les bois, les coteaux, à Bauzit, la Bernarde, Farnier. *Lign.*

3. A. MONSPESSULANUM, *Érable de Montpellier* Dec. Lin. Fleurs d'un vert jaunâtre. Avril. Les lieux pierreux, exposés au soleil et à l'abri du vent, au bois de Doue à l'aspect du midi. *Lign.*

FAMILLE SOIXANTE-QUINZIÈME.

LES HIPPOCASTANÉES. (*Loiseleur.*)

1. AESCULUS HIPPOCASTANUM, *Marronnier d'Inde*. Dec. Lin. (Tsostonié bastar). Fleurs blanches, mêlées de rouge. Mai. Cultivé et presque naturalisé dans le pays, où il se multiplie souvent spontanément par ses graines. *Lign.*

FAMILLE SOIXANTE-SEIZIÈME.

LES CARYOPHYLLÉES. (*Jussieu.*)

1. DIANTHUS CARTHUSIANORUM, *Œillet des Chartreux*. Dec. Lin. Fleurs pourpres. De juin à septembre. Les lieux incultes et sablonneux, au Collet, à l'Arbousset, Ceyssac, au bord de la Loire sous Solignac, au Villard près Saint-Privat-d'Allier, aux bois de Doue et de Laroche. *Viv.*

2. D. ARMERIA, *Œillet armeria*. Dec. Lin. Fleurs pourpres. Juillet, août. Les champs, les prés secs, les bois, à Laval, Bauzit, au bois de Laroche. *Viv.*

3. D. PROLIFER, *Œillet prolifère*. Dec. Lin. Fleurs d'un pourpre clair. Juillet, août. Lieux secs et escarpés, à l'Arbousset, au Collet, à Bauzit, Dolaison, aux Rioux, au pont Salomon. *Ann.*

4. D. DELTOIDES, *Œillet deltoïde*. Dec. Lin. Fleurs pourpres, avec des points blancs. Juillet. Les pâturages, les bois, près de Brioude, au Bouchet dans la commune de St.-Laurent-Chabreuges. *Viv.*

5. D. ALPINUS, *Œillet des Alpes*. Dec. Lin. Fleurs d'un pourpre foncé. Été. Les terrains secs et pierreux des montagnes, à Bauzit, au bois de Chaumazel. *Viv*.

1. GYPSOPHILA MURALIS, *Gypsophile des murs*. Dec. Lin. Fleurs purpurines, avec des veines plus foncées. Septembre, octobre. Les lieux pierreux, le long des chemins et dans les champs secs, au bord de l'étang de Costaros. *Ann*.

1. SAPONARIA OFFICINALIS, *Saponaire officinale*. Dec. Lin. *Saponaire*. (Her-bo à sobou). Fleurs rosées. Juillet, août. Au bord des champs, des rivières, au bord de la Borne au Puy, à Bauzit, Doue, Sainte-Sigolène, Langeac. *Viv*.

2. S. OCYMOIDES, *Saponaire faux-basilic*. Dec. Lin. Fleurs purpurines, plus pâles en-dessous. Mai, juin. Lieux pierreux et ombragés, les bois, au bord de la Borne au Puy, à Roche-Arnaud, Farges, Chaumazel, Ceyssac, aux bois de Coubon et de Viaye, au pont Salomon. *Viv*.

1. SILENE INFLATA, *Silène à calice enflé*. Dec. *Cucubalus behen*. Lin. *Behen blanc*. (Lous crésabous). Fleurs blanches, quelquefois pourpres. Juillet. Commun dans les champs, les prés, les vignes. *Viv*.

2. S. RUPESTRIS, *Silène de roche*. Dec. Lin. Fleurs blanches. Juin, juillet. Sur les rochers ombragés des montagnes, aux Estables. *Bisan*.

3. S. ARMERIA, *Silène arméria*. Dec. Lin. Fleurs purpurines, quelquefois blanches. Mai, juin. Dans les bois, ceux de Laroche, de Saint-Blaise, Veneyres, Solignac, Peyredeyre. *Ann*.

4. S. OTITES, *Silène otitès*. Dec. *Cucubalus otites*. Lin. Fleurs d'un blanc jaunâtre ou verdâtre. Juin, juillet, août. Les lieux stériles et sablonneux, à Saint-Marcel, l'Arbousset, Ceyssac, Chadrac, Coubon, au Villard. *Viv*.

5. S. NUTANS, *Silène penché*. Dec. Lin. Fleurs blanchâtres. Juin, juillet. Les bois montueux et secs, ceux de Bauzit, de Doue, Peyredeyre, du Villard, de Taulhac, Solignac, Veneyres. *Viv*.

1. LYCHNIS VISCARIA, *Lychnide visqueuse*. Dec. Lin. Fleurs purpurines et blanches. Juin. Dans les prés secs, les lieux sablonneux, à Laval, Bauzit, Cussac, Solignac, Chacornac. *Viv*.

2. L. FLOS CUCULI, *Lychnide fleur de coucou*. Dec. Lin. Fleurs d'un pourpre clair, quelquefois blanches. Juin. Les prés humides, à Vals, Ceyssac, Bauzit, Eycenac, Solignac, Ceyssaguet, Mounets, la Chaise-Dieu. *Viv*.

3. L. DIOICA, *Lychnide dioïque*. Dec. Lin. *Compagnons blancs*. Fleurs blanches. D'avril à juillet. Les terrains secs, le long des chemins, des haies, au rocher de Corneille, à la Chartreuse

de Charensac, à Bauzit, Farges, Solignac, Montbonnet, Sainte-Sigolène, au Mezenc. *Viv.*

4. L. SYLVESTRIS, *Lychnide des bois.* Dec. Fleurs rouges. Juin, juillet. Les lieux humides et ombragés, à Bordel près de Lantriac, à la Baume, Saint-Front, Langeac. *Viv.*

On en cultive dans les jardins une variété à fleurs doubles, sous le nom d'*Ivro-gno, ben.*

5. L. FLOS JOVIS, *Lychnide fleur de Jupiter.* Dec. *Agrostemma flos Jovis.* Lin. *Œillet de Dieu.* Fleurs pourpres. Juin, juillet. Dans les bois, sur les rochers, au bois au-dessous de Solignac. *Viv.*

6. L. GITHAGO, *Lychnide nielle.* Dec. *Agrostemma githago.* Lin. *Nielle des blés.* (Anié-lo). Fleurs d'un rouge vineux, quelquefois blanches. Juin, juillet. Commune dans les champs parmi les moissons. *Ann.*

1. SPERGULA ARVENSIS, *Spargoute des champs.* Dec. Lin. *Spargoute.* Fleurs blanches. Juin, juillet, août. Les terrains sablonneux, granitiques, à Fay-la-Triouleyre, à Salin, Sainte-Sigolène. *Ann.*

2. S. PENTANDRA, *Spargoute à cinq étamines.* Dec. Lin. Fleurs blanches. Mai, juin. Les lieux sablonneux, au Villard. *Ann.*

1. CERASTIUM VULGATUM, *Céraiste commun.* Dec. Lin. Fleurs blanches. Avril, mai. Les pâturages secs, les lieux pierreux, à la grève de la Borne au Puy. *Viv.*

2. C. VISCOSUM, *Céraiste visqueux.* Dec. Lin. Fleurs blanches. Avril, mai, juin. Dans les lieux secs, au Puy, à Espaly, Bauzit, au bois de Solignac, aux Estables. *Viv.*

3. C. ARVENSE, *Céraiste des champs.* Dec. Lin. *Oreille de souris.* Fleurs blanches. Avril, mai. Au bord des champs, le long des chemins, à Bauzit, Cussac. *Viv.*

4. C. REPENS, *Céraiste rampant.* Gilib. Hist. pl. Eur. Lin. Fleurs blanches. Juin, juillet. Dans les bois, sur les rochers, sur celui de Saint-Michel, aux bois de Taulhac, de Viaye, de Jalor. *Viv.*

5. C. ALPINUM, *Céraiste des Alpes.* Dec. Lin. Fleurs blanches. Mai, juin, juillet. Dans les hautes montagnes, au lac du Bouchet-Saint-Nicolas. *Viv.*

1. ARENARIA CILIATA, *Sabline ciliée.* Dec. Lin. Fleurs blanches. De juin à septembre. Les lieux pierreux, les bois, les rochers, au Collet, au rocher de Polignac, à Figeon, Bauzit, dans les bois de Solignac, de Viaye, de Jalor. *Viv.*

2. A. TRINERVIA, *Sabline à trois nervures.* Dec. Lin. Fleurs blanches. Juin, juillet. Dans les bois, celui de la Planche près de Grazac. *Ann.*

3. A. SERPYLLIFOLIA, *Sabline à feuille de serpolet.* Dec. Lin.

Fleurs blanches. Mai, juin, juillet. Sur les murs, dans les champs sablonneux, au rocher de Corneille, à Bauzit, Agizoux, la Sauvetat, la Valette, Ville, au bois de Viaye. *Ann.*

4. A. RUBRA, *Sabline à fleur rouge*. Dec. Lin. Fleurs d'un pourpre clair, rarement blanches. Juin, juillet. Lieux sablonneux, à Doue, à Cussac, au lac d'Issarlès, au pont de Vabres. *Ann.*

5. A. MARGINATA, *Sabline à graines bordées*. Dec. *Arenaria media*. Lin. Fleurs de même couleur que celles de l'espèce précédente. D'avril à juillet. Les terrains sablonneux, sous Eycenac. *Ann.*

1. STELLARIA NEMORUM, *Stellaire des bois*. Dec. Lin. Fleurs blanches. Juin, juillet. Dans les bois, au Mezenc, au bois de Bonnefoi. *Viv.*

2. S. HOLOSTEA, *Stellaire holostée*. Dec. Lin. Fleurs blanches. D'avril à juillet. Le bord des prés, les buissons, le long de la Borne au Puy, au bord de la Loire, à Vals, Bauzit, Ceyssac. *Viv.*

3. S. GRAMINEA, *Stellaire graminée*. Dec. Lin. Fleurs blanches. Avril, mai, juin. Les bois, les haies, au vignoble de Chausson, aux bois de Laval, Bauzit, Chacornac, Viaye, à Solignac, Craponne. *Viv.*

4. S. GLAUCA, *Stellaire glauque*. Dec. *Stellaria graminea*, B. Lin. Fleurs blanches. Juin, juillet. Les prés humides, le bord des fossés, dans les bois, ceux de Bauzit, de Jandriac, de Solignac. *Viv.*

5. S. AQUATICA, *Stellaire aquatique*. Dec. *Stellaria graminea*, G. Lin. Fleurs blanches. Juin. Les fossés, les lieux humides, à Bauzit, Masigone, la Planche près de Grazac. *Ann.*

1. ALSINE MEDIA, *Alsine intermédiaire*. Dec. Lin. *Morgeline*, *mouron des oiseaux*, *mouron blanc*. (Mouroliou). Fleurs blanches. Du printemps à l'automne. Commune dans les jardins, les cours, les haies. *Ann.*

2. A. UMBELLATA, *Alsine en ombelle* Dec. *Holosteum umbellatum*. Lin. Fleurs blanches, un peu rouges en dehors. Mars, avril. Commune dans les champs, les lieux secs, les jardins, sur les vieux murs. *Ann.*

1. MŒHRINGIA MUSCOSA, *Mœhringie mousse*. Dec. Lin. *Méringie*. Fleurs blanches. Juin, juillet. Les lieux ombragés et humides des montagnes, les rochers au-dessous de Solignac, la cascade de la Baume, aux bois de Doue, du Pertuis et de Mounets. *Viv.*

1. SAGINA PROCUMBENS, *Sagine couchée*. Dec. Lin. Fleurs blanchâtres. De mai à septembre. Au bord des chemins sablonneux, près des murs, à Chadrac, Ceyssac, Cordes. *Ann.*

FAMILLE SOIXANTE-DIX-SEPTIÈME.

LES LINÉES. (*Loiseleur* et *Marquis.*)

1. LINUM CATHARTICUM, *Lin purgatif.* Dec. Lin. Fleurs blanches et jaunâtres. Juin, juillet, août. Les bois, les prés secs, à Saint-Marcel, aux bois de Bauzit, Doue, Taulhac et des Rioux. *Ann.*

FAMILLE SOIXANTE-DIX-HUITIÈME.

LES SAXIFRAGÉES. (*Jussieu.*)

1. SAXIFRAGA COTYLEDON. Lin. *Saxifrage cotylédon*, Gilibert: Hist. pl. Eur. Fleurs blanches. Juin, juillet. Parmi les rochers et dans les lieux pierreux et humides, au bord de la Loire sous Chambeyrac, à la cascade de la Baume. *Viv.*

2. S. AIZOON, *Saxifrage aïzoon.* Dec. *Saxifraga cotyledon*, Var. E. Lin. Fleurs blanches. Juillet. Dans les rochers des montagnes, au mont Mezenc. *Viv.*

3. S. ROTUNDIFOLIA, *Saxifrage à feuilles rondes.* Dec. Lin. Fleurs blanches, marquées de points rouges. Juin, juillet. Les lieux ombragés des montagnes, dans les bois de Solignac, au Mezenc. *Viv.*

4. S. GRANULATA, *Saxifrage granulée.* Dec. Lin. Fleurs blanches. Avril, mai, juin. Dans les prés secs et au bord des bois, au Puy. à Bauzit, Ceyssac, Solignac, Montbonnet, la Sauvetat, Mounets, Sainte-Sigolène, aux bois de Laroche et de Viaye. *Viv.*

5. S. TRIDACTYLITES, *Saxifrage à trois doigts.* Dec. Lin. Fleurs blanches. Avril, mai, juin. Les lieux secs, les rochers, les murs, les vieux toits, au rocher de Corneille, à Bonnassous, Ceyssac, Pontempeyras. *Ann.*

6. S. HYPNOIDES, *Saxifrage hypne.* Dec. Lin. Fleurs blanches, marquées de lignes presque vertes. Avril, mai, juin. Sur les rochers, dans les bois, au rocher Saint-Michel, à celui de Saint-Blaise, aux bois d'Ours, de Bauzit, la Bernarde, Laroche, Taulhac, Solignac, Agizoux. *Viv.*

7. S. STELLARIS, *Saxifrage étoilée.* Dec. Lin. Fleurs blanches, marquées de taches safranées et de points pourpres. Juillet, août. Dans les lieux humides, au rocher de Saint-Blaise, à Fay-le-Froid. *Viv.*

On en trouve une variété dans les hautes montagnes : *Saxifrage étoilée*, Var. Th. Dec., à tiges un peu plus hautes que l'espèce précédente, pubescentes, à fleurs blanches, marquées de points rougeâtres ou orangés. Juin. A Fay-le-Froid. *Viv.*

8. S. CLUSII, *Saxifrage de l'Écluse*. Dec. Gouan. Ill. Fleurs blanches, avec des points pourpres. Juillet. Dans les hautes montagnes, au Mezenc. *Viv.*

1. DROSERA ROTUNDIFOLIA, *Rossolis à feuilles rondes*. Dec. Lin. *Rossolis, rosée du soleil*. Fleurs blanchâtres. Juin, juillet, août. Les prés humides et marécageux, à Blavozy, au pont Salomon. *Ann.*

1. RESEDA LUTEA, *Réséda jaune*. Dec. Lin. Fleurs d'un jaune pâle. Été. Les terrains sablonneux, le long des chemins, au pont Salomon. *Viv.*

2. R. LUTEOLA, *Réséda herbe à jaunir*. Dec. Lin. *Gaude, herbe à jaunir*. Fleurs d'un jaune verdâtre. Juin, Juillet. Au bord des champs, des chemins, des vignes, au Puy, à Doue, Chamalières, Saint-Pal-de-Mons. *Bisan.*

1. CHRYSOSPLENIUM ALTERNIFOLIUM, *Dorine à feuilles alternes*. Dec. Lin. Fleurs jaunâtres. Mars, avril. Les lieux ombragés et humides, au Villard, à Raffy près de Queyrières, au bois de Bonneville, à la cascade de la Baume. *Viv.*

2. C. OPPOSITIFOLIUM, *Dorine à feuilles opposées*. Dec. Lin. *Saxifrage dorée*. Fleurs jaunâtres. Mars, avril, mai. Les terrains humides et ombragés, au Puy près des biez de moulins, à Laval, Bauzit, Laroche, Dolaison, Broussac, Solignac. *Viv.*

1. ADOXA MOSCHATELLINA, *Adoxe moscatelline*. Dec. Lin. *Petite musquée, moscatelle*. Fleurs vertes, à odeur de musc. Avril. Dans les haies, les lieux humides et couverts, au bord de la Borne au Puy, à Doue, la cascade de la Baume. *Viv.*

FAMILLE SOIXANTE-DIX-NEUVIÈME.

LES CRASSULÉES. (*Jussieu.*)

1. UMBILICUS PENDULINUS, *Ombilic à fleurs pendantes*. Dec. *Cotyledon umbilicus*. Lin. Var. B. *Nombril de Vénus*. Fleurs d'un vert blanchâtre. Juin. Sur les rochers ombragés et humides, ceux de Saint-Blaise, de la Chartreuse de Charensac, dans des joints de basaltes du col de la Paille, à Saint-Arcons-d'Allier, au bord de la Loire sous Solignac, à Grazac près d'Yssingeaux. *Viv.*

1. SEDUM TELEPHIUM, *Sédum reprise*. Dec. Lin. *Orpin, reprise*. Fleurs blanches, ou d'un pourpre clair. Juillet, août. Les vignes, les rochers, les vieux murs, au pont de Vals, à Bauzit, Vazeilles près Saugues, Sainte-Sigolène. *Viv.*

2. S. ANACAMPSEROS, *Sédum anacampseros*. Dec. Lin. Fleurs rougeâtres. Juin, juillet. Les rochers, les lieux pierreux, à la cascade de la Baume. *Viv.*

3. S. DASYPHYLLUM, *Sédum à feuille épaisse*. Dec. Lin. Fleurs blanches, un peu rouges. Juin, juillet. Sur les murs, les rochers, les lieux pierreux, les vignes autour du Puy, sous le château de Solignac, à Agizoux. *Viv.*

4. S. REFLEXUM, *Sédum réfléchi*. Dec. Lin. Fleurs jaunes. Juillet, août. Sur les murs, les rochers, dans les lieux secs, au parc d'Ours, au mont Merey près de Chacornac. *Viv.*

5. S. RUPESTRE. Lin. Lois. Fl. gall. Mérat, Fl. par. Fleurs jaunes. Juillet. Sur les rochers, les coteaux pierreux, à Bauzit, au bois de Laroche, au bord de la Loire sous Solignac, celui du lac du Bouchet. *Viv.*

6. S. SAXATILE, *Sédum des pierres*, B. Dec. All. Fl. ped. Fleurs jaunes. Juillet. Dans les montagnes élevées, au Mezenc. *Ann.*

7. S. HIRSUTUM, *Sédum hérissé*. Dec. All. Fl. ped. Fleurs blanches, marquées de lignes pourpres. Juin, juillet. Sur les rochers, dans les hautes montagnes, au rocher de la Chartreuse de Charensac, à Brestilliac, à Priauret, au Mezenc. *Bisan.*

8. S. ALBUM, *Sédum blanc*. Dec. Lin. *Trique-madame*, *petite joubarbe*. Fleurs blanches, à anthères purpurines. Juin, juillet. Sur les vieux murs, les rochers, dans les lieux secs et pierreux. Commun. *Viv.*

9. S. TURGIDUM, *Sédum renflé*. Dec. Ram. Pyren. inéd. Fleurs blanches. Juillet. Sur les murs, les rochers, à la cascade de la Baume.

10. S. ACRE, *Sédum âcre*. Dec. Lin. *Vermiculaire brûlante*. (Po d'oussé). Fleurs d'un jaune vif. Juin, juillet. Sur les vieux murs, les rochers, dans les lieux secs, au Puy, à Bauzit, Dolaison. Très-commun. *Viv.*

11. S. BOLONIENSE, *Sédum du bois de Boulogne*. Lois. not. 71. Dec. Fleurs d'un jaune clair. Mai, juin, juillet. Dans les lieux secs, aux Brus. *Viv.*

12. S. SEXANGULARE, *Sédum à six angles*. Dec. Lin. Fleurs jaunes. Juin, juillet. Les bois, prés secs, à Ceyssac. *Viv.*

13. S. VILLOSUM, *Sédum velu*. Dec. Lin. Fleurs rougeâtres. Juin, juillet. Les prés humides des montagnes, les bois, à Bauzit, Tarreyres, Laussonne, la croix des Boutières. *Ann.*

1. SEMPERVIVUM TECTORUM, *Joubarbe des toits*. Dec. Lin. *Joubarbe*. (Arkitsaou bastar, barba-dzaou). Fleurs d'un rose pâle. Juillet, août. Sur les murs, les rochers, les toits, au Puy, au rocher de Polignac, à Brestilliac, Pradelles, Saint-Préjet et Vazeilles près de Saugues, Maison-blanche près d'Ally, Sainte-Sigolène. *Viv.*

2. S. ARACHNOIDEUM, *Joubarbe à toile d'araignée*. Dec. Lin. Fleurs d'un pourpre clair. Juin, juillet. Sur les rochers grani-

tiques, sur les basaltes, à Espaly, aux Pandraux, au rocher des Estreix, à la cascade de la Baume. *Viv.*

---

1. MYRIOPHYLLUM SPICATUM, *Volant-d'eau à épi.* Dec. Lin. Fleurs verdâtres. Juin, juillet, août. Les eaux tranquilles, les canaux des moulins autour du Puy. *Viv.*

2. M. VERTICILLATUM, *Volant-d'eau verticillé.* Dec. Lin. Fleurs verdâtres. Juin, juillet, août. Mêmes lieux que le précédent. *Viv.*

FAMILLE QUATRE-VINGTIÈME.

LES SALICARIÉES. (*Jussieu.*)

1. LYTHRUM SALICARIA, *Salicaire commune.* Dec. Lin. *Salicaire.* Fleurs purpurines. Juillet, août. Bord des rivières, les prés humides, au bord de la Loire sous Doue, à Senilhac, Manibrand, Langeac, Saint-Arcons-d'Allier. *Viv.*

FAMILLE QUATRE-VINGT-UNIÈME.

LES PORTULACÉES. (*Jussieu.*)

1. PORTULACA OLERACEA, *Pourpier cultivé.* Dec. Lin. *Pourpier.* Fleurs jaunes. Juillet, août, septembre. Spontané dans les lieux cultivés et sablonneux, au Puy, à Sainte-Sigolène, Saint-Arcons-d'Allier. *Ann.*

1. SCLERANTHUS ANNUUS, *Gnavelle annuelle.* Dec. Lin. Fleurs verdâtres, marquées de blanchâtre. Juin, juillet, août. Les champs, les terrains sablonneux, à Bauzit, au confluent de la Borne avec la Loire, à Cussac. *Ann.*

2. S. PERENNIS, *Gnavelle vivace.* Dec. Lin. Fleurs blanches, à nervures vertes. Juin, juillet. Les lieux sablonneux, les bois, ceux des Rioux, de Viaye, de Mounets, au mont Denise, à Bauzit, Saint-Blaise, la Chabanne, Masigone, Langeac, entre Yssingeaux et Tence. *Viv.*

FAMILLE QUATRE-VINGT-DEUXIÈME.

LES GÉRANIÉES. (*Jussieu.*)

1. GERANIUM SANGUINEUM, *Géranium sanguin.* Dec. Lin. Fleurs rouges, ou d'un pourpre violet. Mai, juin. Au bord des bois, dans les lieux secs, sablonneux, à Ceyssac, aux bois de la Bernarde et des Estreix, à Sainte-Sigolène. *Viv.*

2. G. ROBERTIANUM, *Géranium herbe à Robert.* Dec. Lin.

Fleurs purpurines, quelquefois blanches. De juin à août. Dans les bois, les haies, les buissons, au bois du Séminaire du Puy, au Chier sous Solignac. *Bisan.*

3. G. PRATENSE, *Géranium des prés.* Dec. Lin. Fleurs bleues ou blanches. Mai, juin. Les prés, au Puy, entre Vals et Laval, à Masigone. *Viv.*

4. G. LUCIDUM, *Géranium luisant.* Dec. Lin. Fleurs purpurines. De mai à août. Les terrains pierreux ombragés, au bois du Séminaire du Puy, à Bauzit. *Ann.*

5. G. ROTUNDIFOLIUM, *Géranium à feuilles rondes.* Dec. Lin. Fleurs purpurines. Été. Les champs, les jardins, les prés, au pied des murs, à Vals. *Ann.*

6. G. MOLLE, *Géranium mollet.* Dec. Lin. Fleurs purpurines, quelquefois blanches. Mai, juin. Le bord des champs, les lieux secs, arides, entre le Puy et Espaly, à Craponne. *Ann.*

7. G. DISSECTUM, *Géranium disséqué.* Dec. Lin. Fleurs purpurines. Mai, juin. Les lieux secs, le bord des bois, à Bauzit, au Villard. *Ann.*

8. G. PYRENAICUM, *Géranium des Pyrénées.* Dec. Lin. Fleurs pourpres, quelquefois blanches. Juin, juillet. Dans les pâturages montueux, autour du Puy. *Viv.*

9. G. COLUMBINUM, *Géranium colombin.* Dec. Lin. *Pied de pigeon.* Fleurs purpurines ou bleuâtres. Été. Les bois taillis, les haies, les lieux cultivés, les jardins, à St.-Marcel, Eycenac, entre Espaly et la Bernarde, au bois de Laroche, au Monteil, à Sainte-Sigolène. *Ann.*

10. G. NODOSUM, *Géranium noueux.* Dec. Lin. Fleurs d'un rouge-violet, à stries pourpres. Juin, juillet, août. Les bois, les pâturages des montagnes, à Bauzit, Solignac, aux bois de Chadrac, de Doue, de Laroche, de Bar près Allègre. *Viv.*

11. G. SYLVATICUM, B. Lin. *Géranium des bois*, B. Dec. Fleurs bleues, avec des lignes plus foncées. Été. Les pâturages, les bois, à Bauzit, Solignac. *Viv.*

1. ERODIUM CICUTARIUM. Willd. *Érodium à feuilles de ciguë*, G. Dec. *Geranium cicutarium.* Lin. *Geranium chærophyllum.* Cavan. Fleurs pourpres, quelquefois blanches. Mai, juin. Sur les pelouses sèches, dans les lieux pierreux, au bord des champs, entre le Puy et Vals, à Bauzit, Saint-George-d'Aurat, Sainte-Sigolène. *Ann.*

2. E. PRÆCOX. Willd. *Érodium à feuilles de ciguë*, A. Dec. *Geranium præcox.* Cavan. Fleurs pourpres, quelquefois blanches. Mars, avril, mai. Sur les murs, le long des chemins, à Solignac, Brioude. *Ann.*

FAMILLE QUATRE-VINGT-TROISIÈME.

LES OXALIDÉES. (*Loiseleur* et *Marquis.*)

1. OXALIS ACETOSELLA, *Oxalide oseille*. Dec. Lin. *Alleluia, surelle.* Fleurs blanches, marquées de lignes pourpres. Avril. Les endroits ombragés et un peu humides, les bois, ceux de Laroche, Tarreyres, du Villard, du Pertuis, de Saint-Hostien, de la Borie près Saint-Jeure, entre Cussac et Solignac, à Ceyssac, Sainte-Sigolène, Limandres. *Viv.*

2. O. CORNICULATA, *Oxalide cornue*. Dec. Lin. Fleurs jaunes. Juin. Les lieux humides et ombragés, au bord d'un ruisseau près de Farges, au bois du Villard. *Ann.*

FAMILLE QUATRE-VINGT-QUATRIÈME.

LES ROSACÉES. (*Loiseleur* et *Marquis.*)

1. ROSA EGLANTERIA, B. Lin. *Rosier églantier*, B. Dec. *Rosa bicolor.* Jacq. *Rosier ponceau, rosier capucine.* Fleurs d'un rouge orangé en dedans, et d'un jaune soufre en dehors. Juin, juillet. Dans les haies, au bord des vignes au-dessus du pont d'Estrouilhas près du Puy. *Lign.*

2. R. ARVENSIS, *Rosier des champs*. Dec. Lin. Fleurs blanches. Juin, juillet. Dans les buissons des bois et des champs, au bois de Laroche. *Lign.*

3. R. GALLICA, *Rosier de France*. Dec. Lin. *Rose de Provins.* Fleurs d'un rouge-pourpre très-foncé. Juin. Les coteaux pierreux, les bois, à celui de Solignac, entre Vals et Bauzit. *Lign.*

4. R. REMENSIS, *Rosier de Champagne*. Dec. Desfontaines. Fleurs d'un rouge-pourpre foncé. Juin. Sur les coteaux, à l'Arbousset. *Lign.*

5. R. CANINA, *Rosier des chiens*. Dec. Lin. Fleurs d'un rose blanc. Juin, juillet. Commun dans les haies, les buissons, à Bauzit, Solignac, Cayres. *Lign.*

6. R. RUBIGINOSA, *Rosier rouillé*. Dec. Lin. Fleurs purpurines. Juin. Les haies, les lieux pierreux, à Chazaux près de Borne. *Lign.*

7. R. SEPIUM, *Rosier des chiens*, B. Dec. Thuill. Fl. par. Fleurs roses. Juin. Les bois, les buissons, à Saint-Quentin, Brestilliac, au bois de Solignac. *Lign.*

8. R. COLLINA, *Rosier des collines*. Dec. Jacq. Fleurs roses. Juin. Les coteaux, les haies, les buissons, à Saint-Quentin, Brestilliac, au bois de Solignac. *Lign.*

9. R. DUMETORUM, *Rosier des chiens*, G. Dec. Thuill. Fl. par. Fleurs d'un rose pâle. Juin. Les haies, les buissons, au bois de Solignac. *Lign.*

10. R. ALBA, *Rosier blanc.* Dec. Lin. Fleurs blanches. Juin. Les coteaux, les haies, les buissons, au bois de Doue. *Lign.*

1. AGRIMONIA EUPATORIA, *Aigremoine eupatoire.* Dec. Lin. *Aigremoine.* Fleurs jaunes. Juillet, août. Les pâturages secs, les haies, au bord des champs et des chemins, à Laval, Bauzit, Montgiraud, Doue, Laugeac, Sainte-Sigolène. *Viv.*

1. RUBUS IDÆUS, *Ronce framboisier.* Dec. Lin. *Framboisier.* (Anpouon). Fleurs blanches. Juin. Les lieux pierreux, les bois, les buissons, à Bauzit, Doue, aux monts Mégal et Mezenc, au bois de Jalor. *Lign.*

2. R. CÆSIUS, *Ronce à fruit bleuâtre.* Dec. Lin. Fleurs blanches. Juin, juillet, août. Les haies, le long des murs, au bord des chemins, au chemin du Puy à Vals, à Doue. *Lign.*

3. R. FRUTICOSUS, *Ronce arbrisseau.* Dec. Lin. *Ronce.* (Amoulos d'a-zë). Fleurs blanches ou rougeâtres. Juin, juillet, août. Commune dans les bois, les haies, sur les vieux murs, au Puy, à Bauzit, Sainte-Sigolène. *Lign.*

1. GEUM URBANUM, *Benoite commune.* Dec. Lin. *Benoite, recise, galiote.* Fleurs jaunes. Juin, juillet. Les bois, les lieux ombragés, au Puy, à Laval, Bauzit, Dolaison, Souchiol, Langeac, Craponne, Sainte-Sigolène, au bois de Viaye. *Viv.*

2. G. RIVALE, *Benoite des ruisseaux.* Dec. Lin. Fleurs d'un jaune mêlé de pourpre. Juin, juillet. Les prés, les bois humides, à Solignac, la Sauvetat, Saint-Paul-de Tartas, au Mazel sous Pradelles, à Manibrand. *Viv.*

3. G. MONTANUM, *Benoite de montagne.* Dec. Lin. Fleurs d'un beau jaune. Juin. Les prés des hautes montagnes, au Mezenc. *Viv.*

1. POTENTILLA ANSERINA, *Potentille argentine.* Dec. Lin. *Argentine.* Fleurs jaunes. Mai, juin, juillet. Les pâturages humides, le bord des champs, à Saint-Blaise. *Viv.*

2. P. RUPESTRIS, *Potentille des rochers.* Dec. Lin. Fleurs blanches. Juin. Dans les terrains pierreux, parmi les rochers, à Farges au bord de la Loire, au bois de Solignac. *Viv.*

3. P. ARGENTEA, *Potentille argentée.* Dec. Lin. *Quintefeuille argentée.* Fleurs jaunes. Juin, juillet. Les lieux secs et sablonneux, le bord des chemins, les bois, à Bauzit, Saint-Paul-de Tartas, Vazeilles près Saugues, au pont Salomon, aux bois de Saint-Hostien et du Varnet près Solignac. *Viv.*

4. P. VERNA, *Potentille printanière.* Dec. Lin. Fleurs jaunes. Février, mars, avril, et ensuite septembre. Les collines sèches, le bord des chemins, à Saint-Marcel, Bauzit, Saint-George-

d'Aurat, Montferrat, Raffy, Araules, Saint-Jeure, entre Tence et Saint-Bonnet-le-Froid. *Viv.*

5. P. REPTANS, *Potentille rampante.* Dec. Lin. *Quinte-feuille.* Fleurs jaunes. Juin, juillet. Le bord des champs, des haies, à Montgiraud, Farnier, Saint-Marcel, Bauzit, Agizoux, Chanteuges, Sainte-Sigolène, Saint-Ferréol-d'Auroure. *Viv.*

6. P. FRAGARIA, *Potentille fraisier.* Dec. *Fragaria sterilis.* Lin. *Fraisier stérile.* Fleurs blanches. Mars, avril. Dans les bois, les lieux arides, à Bauzit, au Villard, entre Cussac et Solignac, au bois de la Baume, à Sainte-Sigolène. *Viv.*

1. ALCHEMILLA VULGARIS, *Alchimille commune.* Dec. Lin. Fleurs verdâtres. Mai, juin, juillet. Les prés montagneux, à Laval, Laroche, Solignac, la Sauvetat, au Villard, aux Estables, à Sainte-Sigolène. *Viv.*

On en trouve une variété : *Alchemilla hybrida.* Lin. Dans les montagnes, à la Glutonie.

2. A. ALPINA, *Alchimille des Alpes.* Dec. Lin. Fleurs verdoyantes. Mai, juin. Les prés élevés, à Raffy, Saint-Arcons-d'Allier, Fix, aux Uffernets, aux monts Hivernoux et Mezenc. *Viv.*

1. TORMENTILLA ERECTA, *Tormentille droite.* Dec. Lin. *Tormentille.* Fleurs jaunes. Juin, juillet. Les bois, les pâturages secs, à Cussac près Polignac, au Villard, à Saint-Front, Fix, Saint-Hostien, Sainte-Sigolène. *Viv.*

1. COMARUM PALUSTRE, *Comaret des marais.* Dec. Lin. Fleurs d'un pourpre-noir. Juin, juillet. Dans les prés marécageux, à Chacornac, au Mezenc. *Viv.*

1. FRAGARIA VESCA, *Fraisier de table.* Dec. Lin. *Fraisier.* (Madzou-flo). Fleurs blanches. Avril, mai. Les bois, les coteaux ombragés, aux bois de Laroche et de Jalor. *Viv.* On en cultive plusieurs variétés.

FAMILLE QUATRE-VINGT-CINQUIÈME.

LES SPIRÉACÉES. (*Loiseleur* et *Marquis*).

1. SPIRÆA FILIPENDULA, *Spirée filipendule.* Dec. Lin. *Filipendule.* Fleurs blanches, un peu rouges au dehors. Juin, juillet. Les bois, à Chadrac, à Doue. *Viv.*

2. S. ULMARIA, *Spirée ulmaire.* Dec. Lin. *Reine des prés.* Fleurs blanches. Juillet. Les prés humides, au Puy, à Ceyssac, Langeac, Sainte-Sigolène. *Viv.*

FAMILLE QUATRE-VINGT-SIXIÈME.

LES AMYGDALÉES. (*Loiseleur* et *Marquis*)

1. Amygdalus communis, *Amandier commun.* Dec. Lin. *Amandier.* Fleurs blanches, un peu rouges au centre. Février, mars. Cultivé. *Lign.*

1. Persica vulgaris, *Pêcher commun.* Dec. *Pêcher. Amygdalus persica.* Lin. Fleurs roses. Mars, avril. Cultivé. *Lign.*

2. P. lævis, *Pêcher à fruit lisse.* Dec. *Pêche violette.* Fleurs roses. Mars, avril. Cultivé. *Lign.*
On en cultive également une variété à fruit dont la chair reste adhérente au noyau : *Brugnon.*

1. Armeniaca vulgaris, *Abricotier commun.* Dec. *Prunus Armeniaca.* Lin. *Abricotier.* Fleurs blanches. Mars, avril. Cultivé. *Lign.*

1. Prunus spinosa, *Prunier épineux.* Dec. Lin. *Prunellier.* (Lous prunelou). Fleurs blanches. Avril. Commun dans les haies, les buissons. *Lign.*

2. P. domestica, *Prunier domestique.* Dec. Lin. *Prunier.* Fleurs blanches. Avril, mai. Cultivé, ainsi que plusieurs de ses variétés. *Lign.*

3. P. insititia. Lin. *Prunier sauvage.* Gilib. Hist. pl. Europ. Fleurs blanches. Avril. Dans les haies, les bois, près des villages, à Bauzit. *Lign.*

1. Cerasus padus, *Cerisier à grappes.* Dec. *Prunus padus.* Lin. *Merisier à grappes, laurier putiet.* Fleurs blanches. Avril, mai. Les bois, les haies, au parc d'Ours, à Cheylou, à Manibrand. *Lign.*

2. C. lauro-cerasus. Dec. *Laurier-cerise. Prunus lauro-cerasus.* Lin. (Laourè-lo). Fleurs blanches. Mars, avril. Cultivé. *Lign.*

3. C. mahaleb, *Cerisier mahaleb.* Dec. *Prunus mahaleb.* Lin. *Bois de Sainte-Lucie.* Fleurs blanches. Avril, mai. Les bois, les haies, à l'Arbousset, Escublas, Ceyssac, aux bois de la Bernarde, de Doue, d'Agizoux. *Lign.*

4. C. caproniana, *Cerisier griottier*, Dec. *Cerisier. Prunus cerasus.* Lin. (Lou griotié). Fleurs blanches. Avril, mai. Cultivé. *Lign.*

5. C. juliana, *Cerisier guignier.* Dec. *Guignier. Prunus cerasus*, E. Lin. (Celeïrié). Fleurs blanches. Avril, mai. Cultivé. *Lign.*

6. C. duracina, *Cerisier bigarreautier.* Dec. *Bigarreautier.*

Prunus cerasus, L. Lin. (A-brë de cœur, de grifou). Fleurs blanches. Avril, mai. Cultivé. *Lign.*

7. C. AVIUM, *Cerisier merisier*. Dec. *Merisier. Prunus avium.* Lin. Fleurs blanches. Avril, mai. Dans les bois, près des hameaux, au bois de Laroche, à Bauzit. *Lign.*

FAMILLE QUATRE-VINGT-SEPTIÈME.

LES RENONCULACÉES. (*Jussieu.*)

1. RANUNCULUS FLAMMULA, *Renoncule flammète*. Dec. Lin. *Petite douve*. Fleurs jaunes. Juin. Les pâturages humides, à Bellecombe, Saint-Pierre-Duchamp, Saint-Paul-de-Tartas. *Viv.*

2. R. AURICOMUS, *Renoncule tête d'or*. Dec. Lin. Fleurs jaunes. Mai. Les prés, les lieux couverts, au Puy. *Viv.*

3. R. SCELERATUS, *Renoncule scélérate*. Dec. Lin. Fleurs jaunes. Mai, juin. Les marais, le bord des eaux, au ruisseau longeant le chemin du Puy à Vals, à Doue. *Ann.*

4. R. ACONITIFOLIUS, *Renoncule aconit*. Dec. Lin. *Bouton d'argent*. Fleurs blanches. Juin, juillet. Les prés humides des hautes montagnes, à Bordel près Lantriac, au Pertuis, à Fay-le-Froid, au Mezenc, à Pradelles. *Viv.*

5. R. BULBOSUS, *Renoncule bulbeuse*. Dec. Lin. Fleurs jaunes. Mai, juin. Au bord des fossés, des rivières, dans les prés, les jardins, au bord de la Loire sous Soliguac, à Bauzit. *Viv.*

6. R. PHILONOTIS, *Renoncule des mares*. Dec. Retz. Fleurs jaunes. Mai, juin. Au bord des mares, des fossés, entre Clary et les Brus. *Ann.*

7. R. REPENS, *Renoncule rampante*. Dec. Lin. *Bassinet, pied-de-poule*. Fleurs jaunes. De mai à août. Les prés, les lieux cultivés, autour du Puy. *Viv.*

8. R. ACRIS, *Renoncule âcre*. Dec. Lin. *Renoncule des prés*. Fleurs jaunes. Été. Les prés, les pâturages, autour du Puy, à la Bernarde, à Craponne. *Viv.*

On en cultive une variété à fleur double, connue sous le nom de *Bouton-d'or*.

9. R. LANUGINOSUS, *Renoncule laineuse*. Dec. Lin. Fleurs jaunes. Mai, juin. Les bois, les prés, à Bauzit, près du pont d'Aiguilhe. *Viv.*

10. R. ARVENSIS, *Renoncule des champs*. Dec. Lin. Fleurs d'un jaune pâle. Mai, juin. Dans les champs, parmi les moissons, au Puy, à Cussac, Chaumazel, Saint-Roch près Langeac, au Villard. *Ann.*

11. R. HEDERACEUS, *Renoncule à feuilles de lierre*. Dec. Lin. Fleurs blanches. Mai, juin, juillet. Dans les fossés, les eaux

limoneuses, à Bauzit, Chacornac, au Mazel sous St.-Clément, à Tence. *Viv.*

12. R. AQUATILIS, *Renoncule aquatique.* Dec. Lin. *Grenouillette.* Fleurs blanches, jaunes au centre. Été. Commune dans les fossés, les eaux stagnantes, les rivières, à Laval, St.-Germain, Barret, Cussac, la Bonnette, Saint-George-d'Aurat. *Viv.*

13. R. CAPILLACEUS. Thuill. Fl. par. *Renoncule aquatique*, G. Dec. *Ranunculus aquatilis*, G. Lin. Fleurs blanches. Été. Les eaux profondes et tranquilles, les biez des moulins autour du Puy. *Viv.*

1. FICARIA RANUNCULOIDES, *Ficaire renoncule.* Dec. Roth. *Ranunculus ficaria.* Lin. *Ficaire, petite chélidoine, herbe aux hémorroïdes.* Fleurs jaunes. Avril, mai. Les prés ombragés, les haies, les buissons, à Laval, au pont d'Aiguilhe, à Bauzit, Ceyssac, Manibrand. *Viv.*

1. ADONIS ÆSTIVALIS, *Adonide annuelle*, B. Dec. Lin. Fleurs rouges, quelquefois citrines. Mai, juin. Les moissons, à Guittard, Cussac, la Tour, entre Lantriac et le Villard. *Ann.*

2. A. AUTUMNALIS, *Adonide annuelle*, A. Dec. Lin. Fleurs d'un rouge plus foncé. De mai jusqu'à l'automne. Dans les moissons, à la Chomette près de Paulhaguet. *Ann.*

1. ANEMONE NEMOROSA, *Anémone sylvie.* Dec. Lin. *Sylvie.* Fleur d'un blanc un peu rougeâtre en dehors. Dans les bois, le long des haies, près du pont de Brives, à Testevoire, aux bois de la Bernarde, de Bar près d'Allègre, de Malcharer près Saint-Bonnet-le-Froid. *Viv.*

2. A. RANUNCULOIDES, *Anémone renoncule.* Dec. Lin. Fleurs jaunes. Mars, avril. Les bois et prés ombragés, à Champclause, au-dessous du Mezenc. *Viv.*

3. A. PULSATILLA, *Anémone pulsatille.* Dec. Lin. *Pulsatille, coquelourde.* Fleur violette, quelquefois d'un pourpre foncé. Mars, avril, mai. Les bois, les pâturages secs, à l'Arbousset, Doue, Saint-Blaise, Solignac, Pradelles, au mont Mezenc, à Manibrand, au bois de la Bernarde, à Sainte-Sigolène. *Viv.*

4. A. PRATENSIS, *Anémone des prés.* Dec. Lin. Fleur d'un pourpre noirâtre. Mai, juin. Les pâturages secs, au mont Mercy. *Viv.*

1. CLEMATIS VITALBA, *Clématite des haies.* Dec. Lin. *Clématite, herbe aux gueux.* Fleurs blanchâtres. Juillet, août. Les haies, les buissons, à Doue, entre le Puy et Cussac, à Lantriac, Chanteuges. *Lign.*

1. THALICTRUM FLAVUM, *Pigamon jaunâtre.* Dec. Lin. *Rue des prés, rhubarbe des pauvres.* Fleurs jaunes, quelquefois un peu pourpres. Juin, juillet. Les lieux un peu humides, dans un bois de Doue. *Viv.*

2. T. AQUILEGIFOLIUM, *Pigamon à feuilles d'ancolie.* Dec. Lin. Fleurs blanches, à étamines purpurines. Juin, juillet. Les bois, les prés ombragés, à Charentus, au Villard, à Bonneville, aux Estables, aux bois de Saint-Hostien. *Viv.*

1. TROLLIUS EUROPÆUS, *Trolle d'Europe.* Dec. Lin. Fleur d'un jaune clair. Mai, juin, juillet. Dans les prés ombragés des montagnes, à Laroche, Ceyssac, Senilhac, Farreyroles, la Chaise-Dieu, Solignac, Chacornac, la Sauvetat, Pradelles, au Mezenc. *Viv.*

FAMILLE QUATRE-VINGT-HUITIÈME.

LES HELLÉBORACÉES. (*Loiseleur* et *Marquis.*)

1. HELLEBORUS FŒTIDUS, *Hellébore fétide.* Dec. Lin. *Pied-de-griffon.* Fleurs vertes, bordées de rouge. Février, mars. Les lieux pierreux et stériles, au bord des chemins, au Puy, au bois du Séminaire, à Bauzit, Sainte-Sigolène. *Viv.*

1. PARNASSIA PALUSTRIS, *Parnassie des marais.* Dec. Lin. Fleurs blanches. Août, septembre. Les prés humides, les marais des montagnes, à Bauzit, Doue, Ceyssac, Agizoux, Rois, Bonnefont, Mazangon, Fix, Saint-Hostien, Sainte-Sigolène. *Viv.*

1. AQUILEGIA VULGARIS, *Ancolie commune.* Dec. Lin. *Ancolie, gants de Notre-Dame.* Fleurs bleues. Mai, juin. Les bois, les haies, à Doue, Chadrac, Ceyssac, la Bernarde, Bauzit, Laroche, Dolaison, Taulhac, Poinsac, St.-Ferréol-d'Auroure, Sainte-Sigolène. *Viv.*

1. DELPHINIUM CONSOLIDA, *Dauphinelle consoude.* Dec. Lin. *Pied d'alouette des champs.* Fleurs d'un bleu un peu violet. Juin, juillet. Dans les champs parmi les moissons, à Guittard, Sainte-Sigolène. *Ann.*

1. ACONITUM LYCOCTONUM, *Aconit tue-loup.* Dec. Lin. Fleurs d'un blanc jaunâtre. Juillet, août. Les bois montueux, les rochers, les lieux pierreux, aux bois de Doue, de Laroche et de la Crebade, au rocher de Ceyssac, au mont Mezenc. *Viv.*

2. A. NAPELLUS, *Aconit napel.* Dec. Lin. *Napel, aconit, thore.* Fleurs d'un bleu violet. Juillet. Les lieux couverts et humides des hautes montagnes, entre Chaudeyrolles et le Mezenc. *Viv.*

3. A. ANTHORA, *Aconit anthora.* Dec. Lin. Fleurs d'un jaune blanchâtre. Juillet, août. Dans les hautes montagnes, à la vallée de Manibrand. *Viv.*

1. CALTHA PALUSTRIS, *Populage des marais.* Dec. Lin. *Souci*

des marais. Fleurs jaunes. Avril, mai, juin. Les prés humides, le bord des ruisseaux, au Puy, à Bauzit, Laroche, Ceyssac, Cussac, la Baume, la Sauvetat, Pradelles, Sainte-Sigolène, Aurec. *Viv.*

FAMILLE QUATRE-VINGT-NEUVIÈME.

LES PAPAVÉRACÉES (*Mérat.*)

1. PAPAVER HYBRIDUM, *Pavot hybride.* Dec. Lin. Fleurs d'un rouge écarlate. Juin, juillet. Dans les champs, les lieux cultivés, au pont Salomon. *Ann.*

2. P. ARGEMONE, *Pavot argemoné.* Dec. Lin. Fleurs rouges, tachées de noir au centre. Mai, juin. Dans les champs, parmi les moissons, à Pissevieille, au pont Salomon. *Ann.*

3. P. RHŒAS, *Pavot coquelicot.* Dec. Lin. *Coquelicot.* Fleurs d'un beau rouge écarlate, tachées de noir au centre. Mai, juin. Abondant dans les moissons, au Puy, à Bauzit, Ste.-Sigolène, Fontannes près Brioude. *Ann.*

4. P. DUBIUM, *Pavot douteux.* Dec. Lin. Fleurs rouges. Août, septembre. Les terrains sablonneux, au bord du chemin du Puy à Polignac, à la cascade de la Baume. *Ann.*

5. P. SOMNIFERUM, *Pavot somnifère.* Dec. Lin. *Pavot.* Fleurs d'un rouge pâle, marquées d'une tache brune au centre. Mai, juin, juillet. Cultivé, presque naturalisé, se ressemant de lui-même. *Ann.*

On en cultive aussi des variétés à fleur double.

1. CHELIDONIUM MAJUS, *Chélidoine éclaire.* Dec. Lin. *Éclaire, grande chélidoine.* Fleurs jaunes. Mai, juin. Les haies, les vieux murs, le long des chemins, au Puy, à Sainte-Sigolène. *Viv.*

---

1. ACTÆA SPICATA, *Actée en épi.* Dec. Lin. *Herbe de Saint-Christophe, christophoriane.* Fleurs blanches. Mai, juin. Les bois montueux, à Laval, Bauzit, la cascade de la Baume, dans les bois de Ceyssac, de Laroche, Solignac, Doue, Saint-Hostien. *Viv.*

FAMILLE QUATRE-VINGT-DIXIÈME.

LES CISTÉES. (*Jussieu.*)

1. HELIANTHEMUM VULGARE, *Hélianthême commun.* Dec. Desfont. Fleur du soleil. *Cistus helianthemum.* Lin. Fleurs jaunes. Été. Les coteaux secs, les pâturages, les bois, au Collet, aux Estreix, à Ceyssac, Bauzit, Dolaison, la Chabanne, Saint-Blaise, Souchiol, Sainte-Sigolène, aux bois de Taulhac, des Rioux, de Jalor, entre Yssingeaux et Tence. *Viv.*

2. H. PULVERULENTUM, *Hélianthème poudreux.* Dec. *Cistus pulverulentus.* Pourr. Act. Toul. Fleurs blanches. Mai. Les coteaux secs et pierreux, au bois de Chaumazel près des Estreix. *Lign.*

FAMILLE QUATRE-VINGT-ONZIÈME.

LES TILIACÉES. (*Jussieu.*)

1. TILIA PLATYPHYLLOS, *Tilleul à grandes feuilles.* Dec. Scop. Carn. *Tilleul de Hollande. Tilia europœa*, A. Lin. Fleurs d'un jaune blanchâtre. Juin. Cultivé. *Lign.*

2. T. MICROPHYLLA, *Tilleul à petites feuilles.* Dec. Vent. Monogr. *Tilleul des bois, tillau. Tilia sylvestris.* Desfont. *Tilia europœa*, G. Lin. Fleurs d'un jaune blanchâtre. Juin, juillet. Dans les bois, celui du Mazel près du Monastier. *Lign.*

FAMILLE QUATRE-VINGT-DOUZIÈME.

LES MALVACÉES. (*Jussieu.*)

1. MALVA ROTUNDIFOLIA, *Mauve à feuilles rondes.* Dec. Lin. *Petite mauve.* Fleurs purpurines ou blanches. Juin, juillet, août. Le long des chemins, parmi les décombres, dans les cours et jardins, au Puy, à Bauzit, Agizoux, Sainte-Sigolène. *Ann.*

2. M. SYLVESTRIS, *Mauve sauvage.* Dec. Lin. *Mauve.* Fleurs violettes, purpurines ou blanches. Été. Lieux incultes, les haies, au Puy, à la Chabanne près de Lantriac. *Viv.*

3. M. MOSCHATA, *Mauve musquée.* Dec. Lin. Fleurs purpurines. Juin, juillet. Les prés, les bois, à Laval, Bauzit, Montbonnet, Saint-Pierre-Duchamp, aux bois de Ceyssac, de Laroche, la Baume, à Saint-Hostien, Langeac. *Viv.*

On en trouve une variété sans poils et sans tubercules à la tige, près du lac du Bouchet.

1. ALTHÆA OFFICINALIS, *Guimauve officinale.* Dec. Lin. *Guimauve.* Fleurs purpurines ou blanches. Juillet, août. Les lieux humides, le bord des ruisseaux, le long de la Borne près de Montgiraud. *Viv.*

2. A. HIRSUTA, *Guimauve hérissée.* Dec. Lin. Fleurs d'un rose pâle ou blanches. Juin, juillet. Dans les haies, au bord des champs, à Espaly, entre Lantriac et le Villard. *Ann.*

FAMILLE QUATRE-VINGT-TREIZIÈME.

LES HYPÉRICÉES. (*Jussieu.*)

1. HYPERICUM QUADRANGULUM, *Millepertuis tétragone.* Dec. Lin. Fleurs jaunes. Juillet, août. Les prés humides, le bord des ruisseaux, à Saint-Marcel, Ceyssac, Bauzit, Tarreyres. *Viv.*

2. H. DUBIUM, *Millepertuis douteux.* Dec. Lin. Fleurs jaunes, tachées de points noirâtres. Juin, juillet, août. Les pâturages des hautes montagnes, au bord des bois, au Mezenc. *Viv.*

3. H. PERFORATUM, *Millepertuis perforé.* Dec. Lin. *Millepertuis.* Fleurs jaunes. Juin, juillet, août. Les coteaux, les bois, au Fieu, à Ceyssac, Bauzit, Dolaison, Peyredeyre, Ville, Sainte-Sigolène, Saint-Arcons-d'Allier, aux bois de Laroche et de Solignac. *Viv.*

4. H. HUMIFUSUM, *Millepertuis couché.* Dec. Lin. Fleurs jaunes. Juillet, août. Les terrains sablonneux, les pâturages secs, au bord de la Loire à Cussac, à Alleyras, Saint-Pierre-Duchamp. *Viv.*

* 5. H. MONTANUM, *Millepertuis de montagne.* Dec. Lin. Fleurs jaunes. Juin, juillet. Les bois, les lieux montueux, aux bois de Doue, de Solignac, Costaros, Senenjols, à Saint-Hostien, aux montagnes de Miaune et de Jalor. *Viv.*

6. H. HIRSUTUM, *Millepertuis velu.* Dec. Lin. Fleurs jaunes. Juillet. Le long des chemins et fossés des bois, à Bauzit, Ceyssac. *Viv.*

FAMILLE QUATRE-VINGT-QUATORZIÈME.

LES VIOLÉES. (*Jussieu.*)

1. VIOLA HIRTA, *Violette hérissée.* Dec. Lin. Fleurs bleues, quelquefois blanches. Mars, avril. Dans les lieux secs, les bosquets, les haies, à Bauzit. *Viv.*

2. V. ODORATA, *Violette odorante.* Dec. Lin. Fleurs bleues, quelquefois blanches. Mars, avril. Les haies, les buissons, les bois, au Puy, à la Bajasse, Sainte-Sigolène. *Viv.*

3. V. CANINA, *Violette de chien.* Dec. Lin. Fleur d'un bleu plus ou moins pâle. Avril, mai, juin. Les haies, les buissons, les bois, à Bauzit, la Bernarde, Ceyssac. au Mazel sous Pradelles. aux bois de Laval et d'Esplot près de Cerzat. *Viv.*

4. V. MONTANA, *Violette de montagne.* Dec. Lin. Fleurs d'un bleu pâle. Mai, juin et en automne. Les pâturages et bois montueux, au Mezenc. *Viv.*

5. V. TRICOLOR, *Violette tricolore.* Dec. *Viola tricolor*, B.

Lin. *Pensée.* Fleurs mélangées de blanc, de jaune et de violet pourpre d'un aspect velouté. Mai, juin. Dans les prés montueux, à Craponne, Pontempeyras, au lac du Bouchet, entre Beaumont et Ponternal, entre la Chaise-Dieu et Bonneval. *Ann.* On la cultive dans les jardins.

6. V. ARVENSIS, *Violette des champs.* Dec. *Viola tricolor*, A. Lin. Fleurs mêlangées de blanc et de jaune, ou bien de blanc jaunâtre et de violet pâle. Tout l'été. Commune dans les champs, les lieux cultivés, au Puy, à Bauzit, au Monteil, à Craponne, Sainte-Sigolène. *Ann.*

7. V. LUTEA, *Violette jaune.* Dec. Huds. Angl. Fleurs jaunes, avec quelques raies noires au centre. Juin, juillet. Les pâturages secs, à Mezeyrac près de Présailles, aux Estables. *Viv.*

8. V. GRANDIFLORA. Lin. *Violette à grande fleur*, *Viola grandiflora*, B. Dec. Fleurs violettes, avec quelques raies noires à l'intérieur du pétale supérieur. Juin, juillet. Les pâturages des hautes montagnes, entre les Estables et le mont Mezenc. *Viv.*

1. IMPATIENS NOLI-TANGERE, *Impatiente n'y-touchez-pas.* Dec. Lin. Fleurs jaunes. Juillet, août. Les bois ombragés et humides, au bord d'un ruisseau dans un petit bois au-dessous de Solignac, bord du ruisseau sous la Guimpe près de Queyrières. *Viv.*

FAMILLE QUATRE-VINGT-QUINZIÈME.

LES POLYGALÉES. (*Jussieu.*)

1. POLYGALA VULGARIS, *Polygala commun.* Dec. Lin. *Herbe à lait.* Fleurs bleues, purpurines ou blanches. Juin, juillet, août. Les bois, les pâturages, à Chadrac, Bauzit, Saint-Blaise, Poinsac, au Villard, à Sainte-Sigolène, entre Yssingeaux et Tence, aux bois de Taulhac, d'Agizoux, de Viaye et de Jalor. *Viv.*

FAMILLE QUATRE-VINGT-SEIZIÈME.

LES FUMARIÉES. (*Loiseleur* et *Marquis.*)

1. FUMARIA OFFICINALIS, *Fumeterre officinale.* Dec. Lin. Fleurs purpurines, tachées au sommet d'un rouge foncé. Été. Dans les jardins, les champs et lieux cultivés, au Puy, à Lempdes, Sainte-Sigolène. *Ann.*

1. CORYDALIS BULBOSA, *Corydalis bulbeuse.* Dec. *Fumaria bulbosa*, G. Lin. *Corydalis digitata.* Pers. Syn. Fleurs purpurines ou blanches. Mars, avril. Les bois, les haies, à Bauzit, Farreyroles, aux bois de Laval, de Laroche, de la Baume. *Viv.*

FAMILLE QUATRE-VINGT-DIX-SEPTIÈME.

LES LÉGUMINEUSES. (*Jussieu.*)

Les papilionacées. (Tournefort.)

1. ULEX EUROPÆUS, A. Lin. *Ajonc d'Europe.* Dec. *Ajonc marin, landier.* Fleurs jaunes. Mai, juin. Les lieux stériles, les pâturages secs, à la Planche près de Grazac, à Sainte-Sigolène. *Lign.*

1. GENISTA SAGITTALIS, *Genêt à tige ailée.* Dec. Lin. Fleurs jaunes. Mai, juin. Les coteaux secs, pierreux, les bois, à Ours, Ceyssac, Solignac, Rosières, Chamalières, Mounets, la Chaise-Dieu, Pontennal, aux bois de Bauzit, Taulhac, Doue. *Viv.*

2. G. TINCTORIA, *Genêt des teinturiers.* Dec. Lin. *Genestrole.* Fleurs jaunes. Juin, juillet. Les coteaux secs, les bois, à Bauzit, Cussac, la Chabanne, aux bois de Chambeyrac, de Doue, de Viaye, de Jalor. *Lign.*

3. G. PROSTRATA, *Genêt couché.* Dec. Lin. Fleurs jaunes. Mai, juin. Les terrains secs et pierreux, à Chauras, Clary, entre Montbonnet et Fay, aux bois de Taulhac, de Bauzit, de la Bernarde. *Lign.*

4. G. PILOSA, *Genêt à fleur velue.* Dec. Lin. Fleurs jaunes. Avril, mai. Les lieux secs, pierreux et sablonneux, au pont de l'Enceinte. *Lign.*

5. G. ANGLICA, *Genêt d'Angleterre.* Dec. Lin. Fleurs d'un jaune pâle. Juin. Sur les montagnes, dans les pâturages secs, au bord de la route du Puy à Pradelles près des Uffernets. *Lign.*

1. SPARTIUM PURGANS. Lin. *Genêt purgatif, Genista purgans.* Dec. *Genêt griot.* Fleurs jaunes. Juin, juillet. Dans les bois, les lieux montueux, à Poinsac. *Lign.*

2. S. SCOPARIUM, Lin. *Genêt à balais, Genista scoparia.* Dec. (Dgené-ï). Fleurs jaunes. Avril, mai. Les bois, les lieux secs, au rocher de Corneille, à Masigone sous Pradelles, Vieille-Brioude, aux bois de Doue, de Farges, Poinsac, Colandre, Viaye, Mounets, Yssingeaux, Craponne, Langeac. *Lign.*

1. CYTISUS LABURNUM, *Cytise aubour.* Dec. Lin. *Cytise des Alpes, faux ébénier.* Fleurs d'un jaune pâle. Mai. Lieux pierreux des montagnes élevées, au Mezenc. *Lign.* Cultivé.

1. ONONIS ARVENSIS, *Ononis des champs.* Dec. *Ononis spinosa,* B. Lin. *Bugrane, arrête-bœuf.* (Ares-to bioou). Fleurs variées de pourpre et de blanc. Juin, juillet. Dans les champs et les pâturages secs, à Bauzit, Sainte-Sigolène. *Viv.*

2. O. ALTISSIMA, *Ononis élevée.* Dec. *Ononis spinosa,* A. Lin. *Ononis hircina.* Jacq. Fleurs purpurines. Juin, juillet, août. Les terrains secs, à Laval, près de la Chartreuse de Charensac. *Viv.*

1. TRIFOLIUM REPENS, *Trèfle rampant.* Dec. Lin. Fleurs blanches d'abord, puis brunes ou rougeâtres. De mai à septembre. Les prés, les bois, le bord des chemins, au bois du Séminaire du Puy, à Bauzit, Craponne. *Viv.*

2. T. RUBENS, *Trèfle rouge.* Dec. Lin. Fleurs pourpres. Juin, juillet. Les prés, les coteaux, le long de la Borne au Puy, à Doue, Solignac, la Bernarde, Ceyssac. *Viv.*

3. T. PRATENSE, *Trèfle des prés.* Dec. Lin. (Her-bo de trës). Fleurs purpurines, quelquefois blanches. Été. Très-commun dans les prés. *Viv.*

4. T. ALPESTRE, *Trèfle des basses Alpes.* Dec. Lin. Fleurs pourpres. Juin, juillet. Les pâturages montueux, les bois, à Ceyssac, aux bois de Doue, de Laroche, de Solignac. *Viv.*

5. T. ARVENSE, *Trèfle des guerêts.* Dec. Lin. *Pied-de-lièvre.* Fleurs blanchâtres, à dents du calice purpurines. Juin, juillet, août. Les champs, les bois, à Ours, à l'Arbousset, Bauzit, Doue, Saint-Roch près Langeac, Sainte-Sigolène. *Ann.*

On en trouve aussi une variété : *Trifolium gracile.* Thuil. Fl. par. 383. *Trifolium arvense*, B. Dec. Juin. Les lieux les plus secs, à Saint-Quentin, au bois de Veneyres.

6. T. STELLATUM, *Trèfle étoilé.* Dec. Lin. Fleurs pourpres. Juin. Les terrains stériles, le long des champs et des routes, les lieux pierreux, au bois de Bauzit. *Ann.*

7. T. RESUPINATUM, *Trèfle renversé.* Dec. Lin. Fleurs purpurines. Mai, juin. Les pâturages secs, les champs, à Sainte-Sigolène. *Ann.*

8. T. FRAGIFERUM, *Trèfle fraisier.* Dec. Lin. Fleurs d'un rose pâle. Juillet, août. Les prés, le long des chemins, autour du Puy. *Viv.*

9. T. CAMPESTRE, *Trèfle champêtre.* Dec. Smith. Fleurs jaunes. Juillet. Les champs, à Farnier, Saint-Front. *Ann.*

10. T. SPADICEUM, *Trèfle bruni.* Dec. Lin. Fleurs d'abord d'un jaune clair, ensuite brunes. Juin. Les prés secs des montagnes, à Chacornac, la Sauvetat, Saint-Front. *Ann.*

11. T. PROCUMBENS, *Trèfle étalé.* Dec. Lin. Fleurs jaunes, devenant un peu brunes en séchant. Juin, juillet. Les pâturages, le bord des bois, à Bauzit, au bois de Viaye. *Ann.*

1. MELILOTUS OFFICINALIS, *Mélilot officinal.* Dec. Willd. *Mélilot. Trifolium melilotus officinalis.* Lin. Fleurs jaunes, quelquefois blanches. Juin, juillet. Les prés, le bord des champs, des haies, des chemins, au moulin au-dessous du pont d'Aiguilhe, au bord du chemin du Puy à la Chartreuse de Charensac, au Villard, à Sainte-Sigolène. *Bisan.*

1. MEDICAGO SATIVA, *Luserne cultivée.* Dec. Lin. *Luzerne.*

(Sonfouin). Fleurs violettes ou purpurines, quelquefois d'un jaune clair. Été. Cultivée. *Viv.*

2. M. FALCATA, *Luserne en faucille.* Dec. Lin. Fleurs jaunes. Juin, juillet. Les prés secs et montueux, le long des chemins, à Farnier, près de la Chartreuse de Charensac. *Viv.*

3. M. LUPULINA, *Luserne houblon.* Dec. Lin. Fleurs jaunes. Été. Les champs, les prés, au bois du Séminaire du Puy, le long de la Borne et du Dolaison, à Farnier, Bouteyre. *Ann.*

4. M. INTERTEXTA, *Luserne entremélée.* Dec. *Medicago polymorpha*, E. Lin. Fleurs jaunes. Mai, juin. Dans les champs, les lieux cultivés, dans les jardins longeant le chemin du Puy à Vals. *Ann.*

1. LOTUS CORNICULATUS, *Lotier à petites cornes.* Dec. Lin. Fleurs jaunes, un peu rouges avant leur épanouissement. Mai, juin, juillet. Les bois, les prés, à la Chartreuse de Charensac, à Ours, la Chabanne, dans les bois de Bauzit et de Viaye, entre Yssingeaux et Tence, à Mounets, Chamalières, Craponne, la Chaise-Dieu, Saint-Arcons-d'Allier. *Viv.*

1. PHASEOLUS VULGARIS, *Haricot commun.* Dec. Lin. *Haricot ordinaire.* (Fa-vo blan-tso). Fleurs blanches, un peu jaunâtres en se développant. Juin, juillet. Cultivé. *Ann.*

2. P. MULTIFLORUS, *Haricot à bouquets.* Dec. *Haricot d'Espagne.* (Fa-vo d'amar). Fleurs écarlates. Juin, juillet. Cultivé. *Ann.*

3. P. NANUS, *Haricot nain.* Dec. Lin. Fleurs blanches ou purpurines. Juin, juillet. Cultivé. *Ann.*

1. ANTHYLLIS VULNERARIA, *Anthyllide vulnéraire.* Dec. Lin. *Vulnéraire.* Fleurs jaunes, à sommet pourpre. Juin, juillet, août. Les pâturages secs, les bois, au rocher de Corneille, à Roche-Arnaud, à la Chartreuse de Charensac, Doue, Ceyssac, Dolaison, Saint-Front, Pradelles, aux Estables, aux bois de Taulhac, Bauzit, Veneyres. *Viv.*

1. LUPINUS VARIUS, *Lupin bigarré.* Dec. Lin. Fleurs variant du rouge au bleu. Mai, juin. Dans les vignes, au vignoble de Chausson. *Ann.*

1. ROBINIA PSEUDACACIA, *Robinier faux-acacia.* Dec. Lin. *Faux acacia.* (Acacia). Fleurs blanches. Mai, juin. Cultivé. *Lign.*

1. COLUTEA ARBORESCENS, *Baguenaudier arbrisseau.* Dec. Lin. *Baguenaudier.* Fleurs jaunes, marquées de rouge. Juin, juillet. Au rocher de Corneille. Cultivé. *Lign.*

1. ONOBRYCHIS SATIVA, *Esparcette cultivée.* Dec. *Hedysarum onobrychis.* Lin. *Sainfoin, esparcette.* Fleurs roses, rayées de pourpre. Juin. Cultivée. *Viv.*

2. O. MONTANA, *Esparcette de montagne*. Dec. *Hedysarum montanum*. Lois. Fl. gall. Fleurs de même couleur que la précédente, un peu plus foncées. Mai. Les bois, les pâturages secs, au bois de la Bernarde. *Viv*.

1. ASTRAGALUS GLYCYPHYLLOS, *Astragale réglisse* Dec. Lin. *Réglisse bâtarde*. Fleurs d'un jaune vert. Juillet. Au bord des prés, des haies, des buissons, à Ceyssac, Mons, Cussac, Solignac, la Chabanne, Langeac. *Viv*.

1. HIPPOCREPIS COMOSA, *Hippocrépis en ombelle*. Dec. Lin. Fleurs jaunes. Mai, juin, juillet. Les pâturages secs, le bord des bois, les coteaux arides, à Roche-Arnaud, Ours, Chauras, Pontempeyras, la Chapelle-Geneste, aux bois de Taulhac et de Bauzit. *Viv*.

1. CORONILLA MINIMA, *Coronille naine*. Dec. Lin. Fleurs jaunes. Mai, juin, juillet. Les coteaux secs, pierreux, à Clary. *Viv*.

2. C. VARIA, *Coronille bigarrée*. Dec. Lin. Fleurs variées de blanc, de rose et de violet. Juin, juillet. Au bord des champs, des prés, des chemins, près de la Borne au Puy, à Faruier, au Fieu, à Farges, Ceyssac. *Viv*.

1. LATHYRUS APHACA, *Gesse aphaca*. Dec. Lin. (Liusë-to). Fleurs jaunes. Mai, juin. Dans les moissons, autour du Puy, aux Brus, à Ceyssac, Bauzit, Cussac. *Ann*.

2. L. NISSOLIA, *Gesse de Nissole*. Dec. Lin. Fleurs purpurines. Juin, juillet. Parmi les moissons, à Bauzit, Solignac, au Villard. *Ann*.

3. L. SPHÆRICUS, *Gesse sphérique*. Dec. Retz. Fleurs purpurines. Mai. Les bois, les champs secs et pierreux, au bois de Jandriac, à Craponne. *Ann*.

4. L. HIRSUTUS, *Gesse hérissée*. Dec. Lin. Fleurs purpurines. Juin, juillet. Dans les moissons, à Bauzit. *Ann*.

5. L. SATIVUS, *Gesse cultivée*. Dec. Lin. *Pois carré*, *gesse*. (Dgeï-sso). Fleurs pourpres, violettes ou blanches. Juin, juillet. Dans les champs. Cultivée. *Ann*.

6. L. TUBEROSUS, *Gesse tubéreuse*. Dec. Lin. *Gland de terre*, *anette*. Fleurs roses. Juin, juillet. Dans les champs, parmi les moissons, à Guittard, Ours, Montagnac, la Bouriette. *Viv*.

7. L. PRATENSIS, *Gesse des prés*. Dec. Lin. Fleurs jaunes. Juin, juillet. Les prés, autour du Puy, à Vals, Charensac, Cussac, la Chabanne, au Villard. *Viv*.

8. L. SYLVESTRIS, *Gesse sauvage*. Dec. Lin. Fleurs roses. Juin, juillet, août. Les bois, les prés montagneux, à Veneyres, Sézalières, aux bois de Chadrac, Ceyssac, Solignac. *Viv*.

9. L. LATIFOLIUS, *Gesse à large feuille*. Dec. Lin. Fleurs

roses. Juin, juillet, août. Les prés, les buissons, aux Estreix, au bois de Veneyres. *Viv.*

10. L. HETEROPHYLLUS, *Gesse à feuilles variables.* Dec. Lin. Fleurs purpurines et blanches. Juin, juillet. Le long des bois, des haies, au bois de Laroche. *Viv.*

1. OROBUS LUTEUS, *Orobe jaune.* Dec. Lin. Fleurs jaunes. Mai, juin. Les bois et les pâturages des montagnes, au bois de Solignac. *Viv.*

2. O. VERNUS, *Orobe printanier.* Dec. Lin. Fleurs variées de pourpre, de bleu et d'un vert-bleu. Mars, avril. Dans les bois, au bord des champs, à Ceyssac, Bonneville. *Viv.*

3. O. TUBEROSUS, *Orobe tubéreux.* Dec. Lin. Fleurs variées de bleu et de pourpre. Mai, juin. Dans les bois, dans ceux de Doue, Ceyssac, la Bernarde, Veneyres et Jalor. *Viv.*

4. O. NIGER, *Orobe noirâtre.* Dec. Lin. Fleurs d'un bleu-pourpre. Mai. Les bois montueux, au bois de Jandriac. *Viv.*

1. PISUM SATIVUM, *Pois cultivé.* Dec. Lin. *Pois commun.* (Pes blan). Fleurs blanches. Mai, juin, juillet. Cultivé, ainsi que plusieurs de ses variétés : le pois gourmand ou sans parchemin, le pois nain, et autres. *Ann.*

2. P. ARVENSE, *Pois des champs.* Dec. Lin. *Pisaille, pois de pigeon.* (Pes nier). Fleurs variées de bleu, de blanc et de pourpre obscur. Mai, juin, juillet. Parmi les moissons, à Laroche, Bauzit. Cultivé. *Ann.*

1. ERVUM LENS, *Ers aux lentilles.* Dec. Lin. *Lentille.* (Leinqui-lio). Fleurs blanchâtres, marquées de lignes bleues. Mai, juin. Dans les champs, à Pissevieille. Cultivé. *Ann.*

2. E. HIRSUTUM, *Ers velu.* Dec. Lin. Fleurs blanchâtres, bleues au sommet. Mai, juin. Les champs, les bois, à Bauzit, au rocher de Corneille, au bois de Veneyres. *Ann.*

1. VICIA DUMETORUM, *Vesce des buissons.* Dec. Lin. Fleurs purpurines, quelquefois blanchâtres ou jaunes. Été. Parmi les buissons et dans les bois montagneux, à Ceyssac, Lautriac. *Viv.*

2. V. SYLVATICA, *Vesce des bois.* Dec. Lin. Fleurs blanchâtres, variées de pourpre et de bleu. Juin, juillet. Les lieux ombragés, le long de la Borne sous Aiguilhe. *Viv.*

3. V. CRACCA, *Vesce cracca.* Dec. Lin. Fleurs bleues ou violettes, quelquefois blanches. Mai, juin. Les prés, les champs, les haies, au Puy, à Doue, Laval, Chacornac, Pontempeyras. *Viv.*

4. V. ONOBRYCHIOIDES, *Vesce fausse-esparcette.* Dec. Lin. Fleurs violettes ou bleues. Avril, mai. Les prés, les champs, les bois, au bois d'Agizoux. *Ann.*

5. V. DISPERMA, *Vesce à deux graines*. Dec. *Vicia parviflora*. Lois. Fl. gall. Fleurs d'un bleu pâle. Mai. Dans les bois, les champs secs et sablonneux, au bois de Laroche. *Ann.*

6. V. MONANTHA, *Vesce à une fleur*. Dec. Desfontaines. *Ervum monanthos*. Lin. (Dzarou-sso, pla-to). Fleurs purpurines, à veines bleues. Mai, juin. Dans les champs, à Pissevieille, Bauzit, Chacornac. *Ann.* Cultivée.

7. V. SATIVA, *Vesce cultivée*. Dec. Lin. *Vesce*. (Ve-sso). Fleurs pourpres ou violettes. Mai, juin. Dans les champs, au Puy, à Vals, Saint-Paulien, Fontannes près de Brioude. *Ann.* Cultivée.
On cultive aussi une de ses variétés : *Vicia sativa*, B. *nigra*. Lin. (Pes hivernaou). *Vicia augustifolia*. Roth. Germ.

8. V. LATHYROIDES, *Vesce fausse-gesse*. Dec. Lin. Fleurs violettes, quelquefois blanches. Juin. Les lieux couverts et sablonneux, à Agizoux. *Ann.*

9. V. PEREGRINA, *Vesce voyageuse*. Dec. Lin. Fleurs d'un pourpre violet. Juin. Les haies, les buissons, à Solignac. *Ann.*

10. V. LUTEA, *Vesce jaune*. Dec. Lin. Fleurs d'un jaune de soufre. Mai, juin. Au bord des champs, dans les haies, les buissons, entre Taulhac et Cussac, entre Laroche et Cordes. *Ann.*

11. V. SEPIUM, *Vesce des haies*. Dec. Lin. Fleurs d'un pourpre-violet. Mai, juin. Dans les bois, les haies, au Puy, aux bois de Doue et de Laroche. *Viv.*

1. FABA VULGARIS, B. MINOR SEU EQUINA. Mœnch. Meth. 150. *fève commune*. Dec. *Vicia faba*. Lin. *Gourgane*, *féverole* ou *fève de cheval*. (Fa-vo neï-ro). Fleurs blanches, tachées de noir. Mai, juin. Cultivée. *Ann.*

CLASSE QUATORZIÈME.

DICOTYLÉDONES SQUAMIFLORES.

Amentacées. (Tournefort.)

FAMILLE QUATRE-VINGT-DIX-HUITIÈME.

LES QUERCINÉES. (*Loiseleur* et *Marquis.*)

1. QUERCUS RACEMOSA, *Chêne à grappes*. Dec. *Quercus robur*. Lin. *Quercus pedunculata*. Hoffm. Germ. (Tsaï-në.). Fleurs rousses. Mai. Dans les bois, le long des haies, à Bauzit, aux bois du Séminaire du Puy, de la Bernarde, Ceyssac, Laroche, Viaye, Poinsac, Chamblas, Jalor, Sainte-Sigolène. *Lign.*

2. Q. SESSILIFLORA, *Chêne sessile*. Dec. Smith. Fl. brit. (Roou-rë). Fleurs rousses. Mai. Dans les bois, les haies, à Doue, dans l'Emblavès. *Lign.*

1. CORYLUS AVELLANA, *Coudrier noisetier*. Dec. Lin. *Noisetier, coudrier*. (Oulonié, vaï-sso). Fleurs roussâtres. Février, mars. Dans les bois, les buissons, les haies, à Doue, Ceyssac, Laroche, Bauzit, Sainte-Sigolène. *Lign.*

On en cultive deux variétés : celle à fruit arrondi, très-gros, et celle à fruit très-alongé, pourpre en dehors.

1. CARPINUS BETULUS, *Charme commun*. Dec. Lin. *Charme*. (Tsarmi-lio). Fleurs rougeâtres. Mai. Dans les bois, à Ceyssac, Doue, Montgiraud. *Lign.*

1. FAGUS SYLVATICA, *Hêtre des forêts*. Dec. Lin. *Hêtre, fayard, fau*. (Fa-ou). Fleurs verdâtres. Mai, juin. Les bois, celui du Séminaire du Puy, au parc d'Ours, à Poinsac, Seneujols, Allègre, Saint-Just, Mounets, Sainte-Sigolène. *Lign.*

1. CASTANEA VULGARIS, *Châtaignier ordinaire*. Dec. *Châtaignier*. *Fagus castanea*. Lin. (Tsostonié). Fleurs verdâtres. Mai, juin. Cultivé. *Lign.*

1. JUGLANS REGIA, *Noyer commun*. Dec. Lin. *Noyer*. (Noudgié). Fleurs jaunâtres. Mai, juin. Cultivé. *Lign.*

FAMILLE QUATRE-VINGT-DIX-NEUVIÈME.

LES SALICINÉES. (*Loiseleur* et *Marquis*.)

1. SALIX FRAGILIS, *Saule fragile*. Dec. Vill. Dauph. Fleurs verdâtres. Avril, mai. Au bord des rivières, des ruisseaux, des prairies humides, à la lisière d'un pré au-dessus de Vals. *Lign.*

2. S. VITELLINA, *Saule jaune*. Dec. Lin. *Osier jaune*. (Vi-gui). Fleurs verdâtres. Avril, mai. Les terrains humides, les fossés, à Viaye. Cultivé. *Lign.*

3. S. DEPRESSA, *Saule déprimé*. Dec. Hoffm. Sal. *Salix repens*. Vill. Dauph. Fleurs jaunâtres. Juin. Les lieux sablonneux des montagnes, à Saint-Paul-de-Tartas, aux Uffernets, au bois de Bar près d'Allègre, à Testevoire. *Lign.*

4. S. RIPARIA. Willd. *Salix viminalis*. Vill. Dauph. Fleurs verdâtres. Mai, juin. Au bord des rivières, le long de la Loire à Cussac. *Lign.*

5. S. CAPREA, *Saule marceau*. (Tsatié, marsaou-zë). Fleurs verdâtres. Mars, avril, mai. Dans les bois, à Doue, Bauzit, Laroche, la Baume. *Viv.*

6. S. ALBA. *Saule blanc*. Dec. Lin. *Saule*. (Saou-zë). Fleurs

jaunâtres. Mai. Très-commun le long des rivières, des ruisseaux, dans les prés humides. Cultivé. *Lign.*

1. POPULUS TREMULA, *Peuplier tremble.* Dec. Lin. *Tremble.* (Tromblë). Fleurs brunes, ou d'un blanc verdâtre. Mars, avril. Les bois, à Doue, Laroche, Ceyssac, Mounets, Sainte-Sigolène. *Lign.*

2. P. NIGRA, *Peuplier noir.* Dec. Lin. (Pibou). Fleurs brunes, à anthères purpurines. Avril, mai. Au bord des rivières, des ruisseaux, autour du Puy. Cultivé. *Lign.*

3. P. FASTIGIATA, *Peuplier pyramidal.* Dec. Lin. *Peuplier d'Italie.* Fleurs brunes et purpurines. Avril, mai. Cultivé. *Lign.*

FAMILLE CENTIÈME.

LES BÉTULACÉES. (*Loiseleur* et *Marquis.*)

1. BETULA ALBA, *Bouleau blanc.* Dec. Lin. *Bouleau.* (Bla-ï). Fleurs jaunâtres. Avril, mai. Les bois, à Ceyssac, au Pertuis, à Manibrand, Sainte-Sigolène. *Lign.*

1. ALNUS GLUTINOSA, *Aulne glutineux.* Dec. *Betula alnus.* Lin. *Aune, aulne, verne* ou *vergne.* Fleurs jaunâtres. Mars, avril. Commun dans les lieux humides, le long des rivières, des ruisseaux, au Puy, à Bauzit, Sainte-Sigolène. *Lign.*

FAMILLE CENT UNIÈME.

LES CONIFÈRES. (*Jussieu.*)

1. PINUS SYLVESTRIS, *Pin sauvage.* Dec. Lin. *Pin commun.* (Pi). Fleurs jaunâtres. Avril, mai. Les bois, à Ours, Doue, Jandriac, Bauzit, Taulhac, Bonneville, Mounets, au Pertuis, à Sainte-Sigolène. *Lign.*

1. ABIES PECTINATA, *Sapin en peigne.* Dec. *Sapin. Pinus picea.* Lin. (Sa). Fleurs verdâtres. Mai, juin. Les bois, au Monastier, au Villard, à Mounets, la Chaise-Dieu, Sainte-Sigolène, Saint-Didier-la-Séauve. *Lign.*

1. JUNIPERUS COMMUNIS, *Genevrier commun.* Dec. Lin. *Genevrier.* (Dgene-brë). Fleurs jaunâtres. Avril. Commun dans les bois, à Bauzit, Agizoux, Mounets, Sainte-Sigolène. *Lign.*

1. TAXUS BACCATA, *If commun.* Dec. Lin. Fleurs verdâtres. Mars, avril. Cultivé. *Lign.*

TABLE

DES NOMS EN PATOIS DONNÉS A QUELQUES PLANTES.

FIN DE LA TABLE.

www.ingramcontent.com/pod-product-compliance
Ingram Content Group UK Ltd.
Pitfield, Milton Keynes, MK11 3LW, UK
UKHW021058260726
13994UKWH00002B/571

9 782329 317793